有一种选择叫放弃

谢凤国/编著

中国商业出版社

图书在版编目（CIP）数据

有一种选择叫放弃 / 谢凤国编著. —北京：中国商业出版社，2008. 5

ISBN 978-7-5044-6156-8

Ⅰ. 有… Ⅱ. 谢… Ⅲ. 成功心理学－通俗读物 Ⅳ. B848.4-49

中国版本图书馆 CIP 数据核字（2008）第 071961 号

责任编辑：唐伟荣

中国商业出版社出版发行
010-63180647 www. c-cbook. com
（100053 北京广安门内报国寺 1 号）
新华书店经销
天津冠豪恒胜业印刷有限公司印刷
*
710 毫米 ×1000 毫米 16 开 17.5 印张 250 千字
2008 年 7 月第 1 版 2020 年 4 月第 2 次印刷
定价：48.00 元

* * * *

（如有印装质量问题可更换）

前言 PREFACE

滚滚红尘，芸芸众生。每个人降生到这个世界上，便充满了选择，充满了放弃。

人的一生有许多事情难以抉择：坐在哪个位置、怎样把握机会、如何创造财富、是否接受感情……遇事争先、什么都想得到的抉择，让人生过于沉重，无形中增加了很多压力，困惑随之增多，妨碍了正常的生活，损害了自己。如果在一生中要有所得，就不能让诱惑自己的东西太杂太多，就必须简化自己的人生，就要学会放弃，丢掉那些让自己生活繁杂和内心烦乱的东西。

伽利略放弃了自由，誓死捍卫自己的学说，才使牛顿得以站在“巨人”的臂膀之上。比尔·盖茨放弃了在哈佛大学的学位，投身商海，才成就了20世纪人类世界的一个神话。

他们都作出了坚定的选择，他们的放弃换来的是成功。但并不是每次选择都意味着成功，其间必须经历的痛苦曲折是常人难以想象的。但是如果没有正确的选择和放弃便绝不会有他们的成功。

人生有太多类似的选择题，有时，A或B你都不想放弃，但它无疑是一道单选题，你必须作出唯一正确的选择。你选择A的同时，就必须放弃B。如果A与B是天平两端，地位同等，你必定会有心灵的交战，但是一经选出，就没有回头路了。因此，我们不仅仅是在作出选择，同时还是放弃所有遗憾甚至悔恨。因为人生只能往前走，背负着多余的包袱无疑让人走得很累。只有放弃，才能重现自由，才能不为外物所役。学会放弃，是一种积极的人生态度。智者能够成功，就在于善于放弃不必要的东西。

有的人对生命有太多的苛求，弄得自己生活在筋疲力尽之中，从没体味过幸福和欣慰的滋味，生命也因此局促匆忙，忧虑和恐惧时常伴随，一辈子实在是糟糕至极。需知月圆月亏皆有定数，岂是人力所能改变的？不如放弃，给生命一分从容，给自己一片坦然。

目录 CONTENTS

第一章

给心灵洗个澡

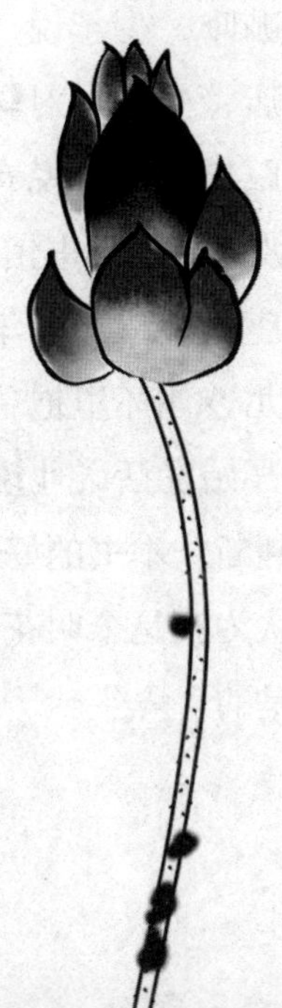

1. 学会读书就拥有了智慧

正确的选择和恰当的放弃是一个人的立世之本，但并非每个人都能做到，成功与否，要看我们能否合理取舍。

一个十四岁的美国少年，为了追寻自己的梦想，先到加州，后又来到夏威夷。

快到爱坡索地区的时候，少年在街道拐角碰到一个老头，是个讨饭的。讨饭老头看少年行色匆匆，就叫少年停下来，问少年是不是从家里偷跑出来的。少年说根本不是的，因为是爸爸开车把自己送到休斯敦的高速公路上，爸爸还说：“儿子，追逐你的梦想和憧憬非常重要。”

讨饭老头说要为少年买杯咖啡，少年说：“不，先生，我想来点苏打水。”他们走到拐角处的啤酒店，坐在一对转椅上，喝着饮料聊了几分钟之后，这个友善的乞丐要少年跟着他，他说有重要的东西要与少年一同分享。他们穿过几个街区来到爱坡索市立图书馆。

老乞丐先把少年领到一个座椅旁，让少年稍等片刻，他要在书架中找到那些特别的东西。不多一会儿，他怀里抱着几本旧书回来了。他把旧书放在桌上，在少年身边坐下来开始发话。他说道：“我要教你两件事，小伙子。第一，切记不要从封面判断一本书的好坏，因为封面会蒙骗人。”

他接着说：“我敢打赌你认为我是个叫花子，是不是，小伙子？”

少年说：“是的，我猜你是的，先生。”

“小伙子，我想你会大吃一惊的，我非常富有，人们想要的东西我都有。但一年前，我的妻子死了，自那之后我开始沉思反省生活的意义。我认识到生活中的许多东西我都还没有体验过，比如做一个沿街乞讨的叫花子。我于是放弃了荣华富贵选择做一年叫花子。所以，嘿，不要以貌取人，那会受骗的。

“第二是学会如何读书，小伙子。因为只有一种东西别人无法从你身上拿去，那就是智慧。”

说到这，老人伸出手握住少年的右手，把刚从书架上找到的书放在他的手上。那是柏拉图和亚里士多德的著作——从古到今的不朽经典。

这个经历永远铭记在少年的心中。

2. 要舍得放弃优势

许多时候，我们不是跌倒在自己的缺陷上，而是跌倒在自己的优势上，因为缺陷常能给我们以提醒，而优势却常常使我们忘了去选择和放弃。

三个旅行者同时住进了一个旅店。

早上出门的时候，一个旅行者带了一把伞，另一个旅行者拿了一根拐杖，第三个旅行者什么也没有拿。晚上归来的时候，拿伞的旅行者淋得浑身是水，拿拐杖的旅行者跌得满身是伤，而第三个旅行者却安然无恙。于是前两个旅行者很纳闷，问第三个旅行者：“你怎么会没事呢？”

第三个旅行者没有回答，而是问拿伞的旅行者："你为什么会淋湿而没有摔伤呢？"

拿伞的旅行者说："当大雨来临的时候，我因为有了伞就大胆地在雨中走，却不知怎么淋湿了。当我走在泥泞坎坷的路上时，我因为没有拐杖，就走得非常仔细，专拣平稳的地方走，所以没摔伤。"

然后，他又问拿拐杖的旅行者："你为什么没有淋湿而是摔伤呢？"

拿拐杖的旅行者说："当大雨来临的时候，我因为没有带雨伞，便拣能躲雨的地方走，所以没有淋湿；当我走在泥泞坎坷的路上时，我便用拐杖拄着走，却不知为什么常常跌倒。"

第三个旅行者听后笑笑，说："这就是我安然无恙的原因。当大雨来时我躲着走，当路不好时我小心地走，所以我没有淋湿也没有摔伤。你们的失误就在于你们有凭借的优势，而有了优势便少了忧患，不懂得如何去选择去放弃。"

第三个旅行者才是真正的旅行者，他的旅行没有思想包袱，他懂得放弃，同时他也学会了选择，所以他既不会被雨淋湿也不会跌伤自己。

3. 人缘要靠善待去争取

只有平时善待他人，才能获取别人对自己的善待。

某公司董事长，当他的公司财源广进的时候，他的汽车碾扁了别家的小鸡小鸭；他家的狼犬自由散步，对着邻家的小孩子露出可怕的白牙；他修房子把建材乱堆在邻家门口。坦白说，他在邻居中间没有什么人缘。

后来，他的公司因周转不灵而歇业，他和邻居们经常在街巷中相遇，他们步行，他也步行。他的脸上有笑容了，他的下巴收起来了，他家的狼犬拴上了链子，他也经常弯腰摸一摸邻家孩子的头。可是，坦白说，他仍然没有什么人缘。

一天，一个老友跟他闲谈，谈到人世烦忧和恩怨。老友随口说："人在失意的时候得罪了人，可以在得意的时候弥补；在得意的时候得罪了人，却不能在失意的时候弥补。"言者无心，听者有意，他若有所悟地点了一下头。

他总结失败教训，专心改善公司的业务。终于，公司又"生意兴隆财源广进"起来。他又有小车可坐，不过他从此不再按喇叭叫门，并且在雨天减速慢行，小心防止车轮把积水溅到行人身上；他的下巴仍然收起来，仍然时不时地摸一摸邻家孩子的头。再后来，他搬迁了，全体邻居依依不舍地送到公路边上，用非常真诚的声音对他喊："再见！"

乡间邻里，人与人之间应当彼此尊重与关怀，这里面其实有一种因果的轮回，你善待别人，别人也会善待你，否则相反。

4. 真正的男人

做一个真正的男人难吗？不难。

只要你懂得选择人生的尊严与操守，自尊、自信、正直，舍得放弃那些迎合别人的无谓牺牲，那么你就拥有别人最真诚的敬意。腰杆直了，影子才能直。

国外某个城市公开招聘市长助理，条件必须是男人。当然，所说的男人并不仅仅从生理上界定，它指的是精神上的男人，每一个应考的人都理解。

经过多次角逐，有一部分人获得了参加最后一项特殊的考试的权利，这也是最关键的一项。那天，他们云集在大院里，轮流去一个办公室应考，这最后一关的考官就是市长本人。

第一个男人进来，只见他一头金发熠熠闪光，天庭饱满，高大魁梧，仪表堂堂。市长带他来到一个特殊的房间，房间的地板上洒满了碎玻璃，尖锐锋利，望之令人心惊胆寒。市长以万分威严的口气说："脱下你的鞋子！将里面桌子上的一份登记表取出来，填好交给我！"男人毫不犹豫地将鞋子脱掉，踩着尖锐的碎玻璃取出登记表填好交给了市长。他强忍着钻心的疼痛，依然镇定自若，表情泰然，静静地望着市长。市长指着一个大厅淡淡地说："你可以去那里等候了。"男人非常激动。

市长带着第二个男人来到另一间特殊的屋子前，屋子的门紧紧地关闭着。市长冷冷地说：“里边有一张桌子，桌子上有一张登记表，你进去将表取出来填好交给我！”男人推门，门是锁着的。“用脑袋把门撞开！”市长命令道。男人不由分说，低头硬撞，一下、两下、三下……足足有半个小时，头破血流，门终于开了。他取出表认真地填好交给了市长，市长说：“你可以去大厅等候了。”男人非常高兴。

就这样，一个接一个，那些身强体壮的男人都用自己的意志和勇气证明了自己。市长表情有些沉重。他带着最后一个男人来到一个房间，指着站在房间里一个瘦弱的老人对男人说：“他手里有一张登记表，去把它拿过来填好交给我！不过他不会轻易给你的，你必须用你刚硬的铁拳将他打倒……”男人严肃的目光射向市长：“为什么？你得让我认为有足够的道理。”“不为什么，这是命令！”“你简直是个疯子，我凭什么打人家？何况他是个弱小的老人！”

市长又带他分别去了那个有碎玻璃的房间和紧锁着大门的房间，同样遭到了他的反对和拒绝。市长对他大发雷霆……

男人气愤地转身就走，被市长叫住了。市长将前来应考的人都召集在一起，告诉他们只有最后一个男人考中了。

那些无一不伤筋动骨的人都捂着自己的伤口审视着被宣布考中的人，当发现他身上的确一点伤也没有时都惊愕地张大了嘴巴，非常不服气地尖着嗓子异口同声地问：“为什么？”

市长说：“你们都不是真正的男人。”

“为什么？”他们又异口同声地问。

市长语重心长地说：“真正的男人懂得反抗，是敢于为正义和真理献身的人，而不是选择唯命是从，做出没有道理的牺牲。”

5. 有竞争才能进取

一个没有竞争力的动物，一定是死气沉沉的动物；同理，一个没有竞争力的民族，必定成为一个不思进取的民族。

美洲虎是一种濒临灭绝的动物，现在世界上仅存十几只，其中有一只生活在秘鲁的国家动物园里。

为了保护这只虎，秘鲁人单独圈出一块地来，让它自由地生存。参观过虎园的人都说，这儿真是虎的天堂，里面真山真水，山上花木葱茏，山下溪水潺潺。一千五百英亩的草地上，有成群的牛、羊、鹿、兔供老虎享用。然而，奇怪的是，从没人见过老虎捕捉它们，也没人见过它威风凛凛地从山上冲下来。人们唯一见到的情景是它躺在装有空调的虎房里，吃了睡，睡了吃。

有些市民认为它太孤独了。你想，一只虎，没有爱情，没有伴侣，怎么能有精神呢？于是大家自愿集资，然后通过外交渠道，与哥伦比亚和巴拉圭达成协议，定期从这两个国家租雌虎来陪它生活。

然而，这项人道主义之举，并未带来多大的改观，那只老虎最多陪外来女友走出虎房，到阳光下站一站，不久就又回到它常卧着的地方。人们不知道它还有什么不满足的地方。

一天，一位来此参观的市民说，它怎么能不懒洋洋的，虎是林中之王，你们放一群只知吃草的小动物，能提起它的兴趣吗？这么大的一个老虎保护区，你们不放两只狼，至少也得放一只豺狗吧。人们觉得他说得有理，就把三只美洲豹放进了虎园。

这一招果然灵验。自从三只豹子进了虎园，美洲虎再也没有回过虎房，它不是站在山顶长啸，就是冲下山来，在草地上捕食。它不再打盹，不再吃管理员送来的肉。没多久，它还让巴拉圭来的一只雌虎下了一只小虎崽。

6. 从容面对人生的选择

一首耳熟能详的歌中唱道："曾经在幽幽暗暗反反复复中追问，才知道平平淡淡从从容容才是真。"

面对人生，就让我们以闲看云卷云舒、花开花落的心境，从容去选择，选择一种气度，选择一种风范，选择一种壮美！

据说古罗马有个皇帝，常派人观察那些第二天就要被送上竞技场与猛兽空手搏斗的死刑犯，看他们在等死的前一夜是怎样表现的。如果发现惶惶凄凄的犯人中有能呼呼大睡且面不改色的，便偷偷在第二天早上将他释放，并训练成带兵打仗的猛将。

无独有偶，据传中国也有个君王，在接见新来的臣子时，总是故意叫他们在外面等待，迟迟不予理睬，再偷偷看这些人的表现，并对那些悠然自得、毫无焦躁之容的臣子刮目相看。

一个人的胸怀、气度、风范可以从细微之处表现出来。或许，古罗马的那位皇帝以及古中国的那位君王之所以对死囚或新臣委以重任，便是从他们细微的动作、情态中看到了其与众不同的潜质，看到了那份处变不惊、遇事不乱的从容。

从容，是傲松之于严冬："大雪压青松，青松挺且直"；从容，是义士之于刑枷："我自横刀向天笑，去留肝胆两昆仑"；从容，是智者之于声色利诱："淡泊以明志，宁静以致远"。从容，是一种理性，一种坚忍，一种气度，一种风范。从容，才能临危不乱；从容，才能举止若定；从容，才能化险为夷。三国故事里，诸葛亮以"空城计"击退司马懿数十万大军，他那过人的胆略和超常的镇定、从容，被传为千古佳话。只有从容地面对人生的选择，不惧怕危难，才能懂得生存的真谛。

在瞬息万变、诱惑四伏的现实社会里，更需要人们保持一种平淡沉稳、从容自若选择的心态。远离浮躁，从容选择，成为一个现代人适应社会环境的基本要求。逆境，抑或突如其来的变故与危困，都是很好的试金石，能明晰地鉴定一个人素质的优劣、强弱。甚至那些养鸟的行家，在选鸟的时候，都要故意去惊吓那些鸟，绝不取那种稍受一点儿惊吓就扑扑拍翅、乱成一团的鸟。

7. 书房的生命

书房的生命是靠主人的选择赋予的。只有当你真正和书相爱了，你的书房才可能有生命。

有一个爱慕虚荣的女子，在二十年前大学生很吃香的年头，如愿嫁了一个文科的大学生，并且还颇以自己的书生夫婿为荣。但随着时间的流逝，她眼看别人的夫婿纷纷成了大款或是大官，而自己的夫婿依旧只是一介书生，渐渐心生怨恨，经常数落夫婿，说读那些破书，有什么用？后来她竟扬言要烧掉那些书。夫婿闻之，严厉警告她说：你若烧我的书，就等于是杀害我的生命！结果有一天，这女子真的烧了夫婿的书，于是夫婿义无反顾地提出离婚。众亲友，包括老泰山，都来做工作，欲使他们重修旧好，但书生曰：我对她说过烧书就等于杀我，而她竟真的烧书，那我们之间还有什么感情可言？这个故事的结局非常凄惨——那书生郁郁寡欢，不久后中年病逝，走完了他爱书的一生。也许有人会笑他太痴情，但就是这份痴情，终不失为凄美——当然，我想大部分爱书人都不至于爱得那么沉重。

那些曾经真诚地爱过书，但是后来在名利场中陷溺难以自拔的人，他们早年简陋的书房可能曾经是生机勃勃的，但是如今的书房则已经沦为伪文化的装饰品。功成名就之后，他们的书房已经是富丽堂皇，里面塞满了别人赠送的豪华精装本。他们当然还会时不时地将书房向访客夸耀一番，但那样的书房已经没有生命了。

天下的事太难说，也太可笑，故事中的书生，不舍得去放弃，所以失去了生命，而装饰书房的伪君子不懂得选择，让书房没了生命。

8. 生命倒计时

我们常会忘了，在我们大脑中也有个显示器，告诉我们有限的时光还剩多少。而当生命倒着计时，那年年减少的数字，便会提醒我们——来日不多，该做的事情得赶紧去做。

非洲有一个民族，婴儿刚生下来就获得60岁的寿命。人生大事都得在这60年内完成，此后的岁月便颐养天年了。

这真是个绝妙的计岁方法。从某种意义上说，人生不过是我们从上苍手中借来的一段岁月而已，过一年还一岁，直至生命终止。可惜我们常会产生这样一种错觉：日子还长着呢！于是，我们懒惰，我们懈怠，我们怯懦……无论做错什么，我们都可以原谅自己，因为来日方长，不管什么事放到明天再说也不迟。

直到有一天，死亡的阴影笼罩着我们时，我们才悚然而惊：糟了，总以为将来还长着呢，怎么死亡说来就来了！那些未尽的责任怎么办？那些未了的心愿怎么办？那些未实现的诺言怎么办……还能怎么办，面对死亡通知书，人类只能踏上那条不归路。追悔也罢，遗憾也罢，那个早已写好的结局无人能更改。临终之前，也许人们会在模糊中想起“譬如朝露，去日苦多”的感叹，想起“少壮不努力，老大徒伤悲”的教诲，可一切，都悔之晚矣。

此时让我们想想那个倒着计岁的非洲民族，他们的人生智慧真令人惊叹。生命既是借来的一段光阴，当然是过一天少一天了。而面对自己日渐减少的寿命，谁又能无动于衷呢？

生命倒计时，一个多么有必要的提醒。面对有限的时光，我们理应善加利用。于是，我们将手中事务整理清楚，分出轻重缓急，再一一安排妥当。当我们的生命只剩下短短几年、几个月甚至几天时，有谁舍得将时光浪费在鸡毛蒜皮类的小事中？有谁舍得将精力花在流言蜚语上？如此宝贵的时光，只能用在重要的事情上。这样当预定的终点到达时，心中才不会有太多遗憾。

生命倒计时常让我想起电话磁卡。当我们将磁卡插入话机时，显示器立刻显示出卡中余额的数值，随着通话时间的延长，这个数值不断减少。面对不断缩小的数字，下意识地，你会提醒自己：长话短说，别浪费钱。因为那些变化的数字如同一双眼睛，提醒着你，最终让你三言两语结束通话。

9. 永不休息的鬼

别以为不停地工作是一种成功的前兆，是一种人生的优点。其实，工作与休息是相得益彰的，而且工作的同时，还需要有时间思考。

一个过路人大起胆子去问一个卖鬼的外乡人："你的鬼，一只卖多少钱？"

外乡人说："一只要200两黄金！"

"你这是搞什么鬼？要这么贵！"

外乡人说："我这鬼很稀有的。它是只巧鬼。任何事情只要主人吩咐，它全都会做。又是只工作鬼，很会工作，一天的工作量抵得上100人。你买回去只要很短的时间，不但可以赚回200两黄金，还可以成为富翁呀！"

过路人感到疑惑："这只鬼既然那么好，为什么你不自己使用呢？"

外乡人说："不瞒您说，这鬼万般好，唯一的缺点是，只要一开始工作，就永远不会停止。因为鬼不像人，是不需要睡觉休息的。所以您要24小时，从早到晚把所有的事吩咐好，不可以让它有空闲，只要一有空闲，它就会完全按照自己的意思工作。我自己家里的活儿有限，不敢使这只鬼，才想把它卖给更需要的人。"

过路人心想自己的田地广大，家里有忙不完的事，就说："这哪里是缺点，实在是最大的优点呀！"

于是过路人花200两黄金把鬼买回家，成了鬼的主人。

主人叫鬼种田，没想到一大片地，两天就种完了。

主人叫鬼盖房子，没想到三天房子就盖好了。

主人叫鬼做木工装潢，没想到半天房子就装潢好了。

整地、搬运、挑担、舂磨、炊煮、纺织……不论做什么，鬼都会做，而且很快就做好了。

短短一年，鬼主人就成了大富翁。

但是，主人和鬼变得一样忙碌，鬼是做个不停，主人是想个不停。他劳心费神地苦思下一个指令，每当他想到一个困难的工作，例如在一个核桃核里刻10艘小舟，或在象牙球里刻9个象牙球，他都会欢喜不已，以为鬼要很久才会做好。

没想到，不论多么困难的事，鬼总是很快就做好了。

有一天，主人实在撑不住，累倒了，忘记吩咐鬼要做什么事。

鬼把主人的房子拆了，将地整平，把牛羊牲畜都杀了，一只一只埋在田里。将财宝衣服全部舂碎，磨成粉末。再把主人的孩子杀了，丢到锅里炊煮……正当鬼忙得不可开交时，主人从睡梦中惊醒，才发现一切都没有了。原来，永远不停止地工作，真是最大的缺点呀！

10. 幸福女神与不幸女神

幸福与不幸是如影随形的，你得到幸福的同时，不幸也许正悄然而至。

有一个人整天祈祷上天赐给他幸福，他的诚心感动了上天，终于有一天，美丽的幸福女神敲响了他的家门。他喜出望外，赶忙请她进屋。但幸福女神却说："请等一等，我还有一个妹妹呢。"说着把在暗处跟随着她的妹妹介绍给他。他一看大吃一惊，因为这个妹妹长得十分丑陋。他问："她真的是你的妹妹？"幸福女神回答说："是的，她是我的妹妹，是不幸女神。"他说："我想请你进来，让她留在门外，好吗？"幸福女神严肃地说："这可不行，我俩如影随形，无论走到哪里，都是在一起的，无法分开。"

幸福与不幸如影随形！追求幸福的人们不可忘了幸福女神的这一箴言。

其实，我们又何尝没有这样的经历呢？有时，不幸是幸福的垫脚石，没有它，我们无法摘到幸福之树的果子；有时，不幸是幸福的衬托，没有它，我们甚至根本无法感知到幸福；有时，不幸和幸福是同一件事情的两个不同的侧面，就像一枚硬币的两面一样，很容易翻转过来；有时不幸和幸福相依相生，扑朔迷离。"祸兮福所倚，福兮祸所伏"……

11. 选择与放弃决定着生与死

不懂得选择与放弃只有死路一条。

小时候祖父用纸给我做过一条长龙。

长龙腹腔的空隙仅仅只能容纳几只半大不小的蝗虫慢慢地爬行过去。但祖父捉过几只蝗虫，投放进去，它们都在里面死去了，无一幸免！

祖父说：蝗虫性子太躁，除了挣扎，它们没想过用嘴巴去咬破长龙，也不知道一直向前可以从另一端爬出来。因此，尽管它有铁钳般的嘴壳和锯齿一般的大腿，也无济于事。

祖父又把几只同样大小的青虫从龙头放进去，然后关上龙头，奇迹出现了：仅仅几分钟时间，小青虫们就一一从龙尾默默地爬了出来。

蝗虫的死是因为它不懂得去选择，它只知道不停地挣扎，也不舍得放弃，所以只有死路一条；而青虫却恰恰相反，它舍得放弃，知道如何去选择，它活了下来。

命运一直藏匿在我们的思想里。许多人走不出人生各个不同阶段或大或小的阴影，并非因为他们天生的个人条件比别人要差多远，而是因为他们没有想到要将阴影纸龙咬破，也没有耐心慢慢地找准一个方向，一步步地向前，直到眼前出现新的洞天。

12. 敢于不如人

敢于不如人，其实就是敢于承认自己的不足，这是一种期待成长的勇气，每个人都有长处和短处，真正看清这一点，你才能最后胜于人。

也许你常常觉得自己在很多地方不如人。

在家务上，不如勤劳能干的主妇；在工作上，不如善于察言观色的同事；在处理人际关系上，甚至不如12岁的孩子；在新知识的运用与掌握上，不及年轻人的迅速灵敏；碰到复杂事物，又缺乏长辈的精明练达、长袖善舞；最糟的是遇到紧急情况缺乏应变能力，反应迟钝，甚至明明稳操胜券的事情，却偏偏输得干干净净。

将调子放到最低，把心态修炼得最静，经历几番风雨几轮挫折，渐渐地，你就会想明白，一个人不可能处处胜于人。有得必有失，样样齐全了，你也许会遭到更大的、意料不到的天灾人祸。就像小病小灾纠缠一生的人，往往安享天年，而无病无痛、大红大紫的人常常灾祸忽至，防不胜防。命运往往是无常的，做什么都要留有余地。

其实，从另一种角度来说，敢于不如人，也是某种程度上的自信。只有敢于不如人，才能胜于人。天外有天，楼外有楼，一个人怎能时时处处胜过所有的人呢？每个人都有自己的优点与优势，也都有自己的缺点与短处，扬长避短才是机智，拿自己最不擅长的柔弱之处去硬碰别人修炼得最拿手的看家本领，其结果可想而知。

人会有各种潜能与优势，但你不可能在所有地方都有机会发挥出来，你只能在一个地方用足你的力气，在你没有用力气的地方，在你无暇顾及的地方，你必然不如那些在这些地方用足力气的人。你的精力有限，机遇也有限，因此，你能如人的地方肯定很少很少，而不如人的地方绝对很多很多。只有对这一点看明白了，你才有从容的心态，也才能真正地如人了。

13. 用不完金币的穷人

对于饥饿的人来说，选择金钱可以拯救生命，对于贪婪的人来说，选择金钱等于自杀。

在一间很破的屋子里，有一个穷人，他穷得连床也没有，只好躺在一张长凳上。

一天，穷人自言自语地说：“我真想发财呀！如果我发了财，决不做吝啬鬼……”

这时候，上帝在穷人的身旁出现了，说道：“好吧，我就让你发财吧。我会给你一个有魔力的钱袋。”

上帝又说：“这钱袋里永远有一块金币，是拿不完的。但是，你要注意，在你觉得够了时，要把钱袋扔掉才可以开始花钱。”

说完，上帝就不见了。在穷人的身边，真的有了一个钱袋，里面装着一块金币。穷人把那块金币拿出来，里面又有了一块。于是，穷人不断地往外拿金币。穷人一直拿了整整一个晚上，金币已有一大堆了。他想：啊，这些钱已经够我用一辈子了！

到了第二天，他很饿，很想去买面包吃。但是，在他花钱以前，必须扔掉那个钱袋。他又开始从钱袋里往外拿钱。每次当他想把钱袋扔掉时，总觉得钱还不够多。

日子一天天过去，穷人从钱袋里拿出的钱越来越多，完全可以去买吃的、买房子、买最豪华的车子。可是，他对自己说："还是等钱再多一些吧。"

他不吃不喝地拿，金币已经快堆满一屋子了。同时，他也变得又瘦又弱，头发也全白了，脸色蜡黄。

他虚弱地说："我不能把钱袋扔掉，金币还在源源不断地出来啊！"

终于，他倒了下去，死在了他的长凳上。

可悲！可叹！

14. 怎样走过人生六个坎

舍得放弃是一种跨越，当你舍得放弃一切做到简单从容地活着的时候，你人生中的那几道坎也就过去了。

人从出生到成熟到衰老到死亡，就那么几十个春秋。也就是那么几个"坎"，眨眼的工夫就过去了。

20岁之前谈梦。人自母体分离出来，初谙世事至少要十四五年，而初谙世事并不意味着成熟，很多想法都很浪漫，有些近似童话。所以，这个季节经常做梦，梦见自己会飞，梦见自己成为心目中的偶像。同学之间，朋友之间谈论的话题也往往与现实离题万里。在这段花季年华里，一切都是浮动的，一切都是彩色的。

20岁以后谈理想。20岁是迈入成人行列的第一道门坎，以前的彩色梦幻渐渐淡化，在现实面前，开始走向成熟，也开始有了人生的目标。但20岁的抱负却又气吞山河，有些不切实际。所以，我们说人到20岁已经长大了，但绝对不意味着已经成熟。总之，20岁时，已经有了向前跋涉的目标，少了很多梦幻色彩。

上了30岁谈责任。三十而立于今人来说也许为时尚早，以现代平均寿命计，人生尚未过半，少年得志之人毕竟不是这个世界的多数。但30岁已是成熟的人了，至少已经确立了自己的人生坐标和基点。在这个阶段，世界会把很多重担压在你的肩头，你无可逃遁也别无选择地要背着这些重担往前走。人生由此便多了一种沉甸甸的东西——责任，因之人生的内涵也丰富起来。结婚了需要有个爱巢栖息爱情，儿女出世了要拼力哺育，父母老了要尽赡养之责，还有，工作的担子也加重了……这一切责任，都得30岁的你一个一个地去履行，没人能够替代你。这个时候，一切言谈行为都变得那么实在。

40岁谈事业。迈过40岁沟坎，此刻有志者已经事业有成，即使是平凡之辈，积蓄也开始殷实。人的生理心理也已熟透，万事都有主张，一切责任也因为时光流淌而减负了。也许父母已经过世，儿女也快自立。这个时候，人通常会像爬上一道高坡一样，长长地舒口气。然而当回头看时，才发觉前些年为自己活得太少。于是，发展自己便成了这个阶段的主旋律。

50岁开始谈经验。古人道“五十而知天命”，此刻对于人来说应该是尘埃落定的时候了。优胜者已经胜出，淘汰者也已出局。那么，优胜者便领受被尊敬的风光，淘汰者也只好独尝出局的悲哀。无论优或劣，都会明白成败的原因。而大局既定已难更改，优胜与淘汰的总结成了宝贵的经验，化作了后人的财富。

60岁以后谈往昔。衰老是人类不可抗拒的自然法则。人老了就力不从心，即使想大展宏图也难于展翅了。此刻的成功者可以享受他自己创造的成果，失败者也只好独饮他自酿的苦酒。好汉不提当年勇也好，蹉跎一生不堪回首也罢，岁月刻在自己身上和心上的痕迹是无法抹杀的。夕阳苦短，来日无多，但回首昔日的风光或坎坷，多少能激活生命的潜力，保持旺盛的活力。

一辈子就这样走过来了，不管辉煌还是平凡，都得一个一个坎地迈过，当然，怎样迈，迈得成功与否，都得由你自己来完成。而围绕着人生的一切都离不开去选择，去放弃。

15. 舍弃自身的奴性

舍弃那种凡事依附于人的奴隶意识，学会掌握好自己的命运。

许多青蛙烦恼着没有一个青蛙王来管理它们，便推派使臣去向天神丘彼得祈求一个蛙王。天神知道青蛙头脑简单，便抛下一块大木头到河中。青蛙们被那木头所激起的水声吓了一跳，都躲到水底去。但是它们看那木头浮在水面不动，便游到水面上来，一点也不怕，还轻视地爬上木头蹲坐着。不久，它们认为神派了这样呆笨的王来管理它们，真是岂有此理？便再推派一个代表，去向丘彼得请求，希望另外再派一个君王。于是丘彼得派了一条鳗鱼去统治它们，青蛙们见鳗鱼生性和善，并无君王的威严，又去请丘彼得替它们再选一个王。丘彼得对于它们的请求很不耐烦，便派一只鹭鸶去，这鹭鸶每天吃青蛙，没多久就把河里的青蛙吃得干干净净。

本来蛙王应由青蛙自己拥立或选出来，向天神求王，本身就是奴隶的行为，偏偏青蛙们又嫌弃那些愿意跟它们平等、友善相处的蛙王，结果只能招来被奴役、吞噬的命运。

16. 爱慕虚荣的漂亮鱼

在人生之中，你选择幸福的同时，也许你又舍弃了另一种幸福。

一条鱼，生活在大海里，总感到没有意思，一心想找个机会离开大海。一天，它被渔夫打捞上来，高兴得在网里摇头摆尾，“这回可好啦！总算逃出了苦海，可以自由呼吸了。”乐得它直蹦高……

它蹦得的确很高。当听到渔夫与他儿子议论着用什么方法将它烹饪的时候，它重重地摔了下来——很严重，它昏了。

醒来时，它发现自己竟在一口破旧的水缸中。它那身漂亮的斑纹救了它——渔夫决定将它养下，少吃一条鱼实在无所谓，何况它是一条多么美丽的鱼呀！

鱼欢畅地游来游去，在那只破水缸里。缸太小了，可它仍不停地游。一口水缸，和一条漂亮的鱼——快乐的鱼。

每天，渔夫总会往水缸里放些鱼虫，鱼很高兴，不停晃动身子，展示漂亮的服饰，讨渔夫喜欢。渔夫真的乐了，又撒下一大把鱼虫，鱼大口地吃着，累了则停下，打个盹。鱼开始庆幸自己的美妙命运，庆幸现在的生活，庆幸自己有一身花衣。想到当初在海中，每天不得不自己出去寻找食物，还得时时提防大敌的突然袭击，那些朋友可能已几天没吃过东西，也可能已成了他人腹中之物。想到这，它大口咽下一群鱼虫，自言自语道：这才是生活。

在它眼中，这分明是一条漂亮鱼应得的待遇。

日子一天一天地过，鱼儿一天一天的游。它似乎有些厌倦，但再也不愿回到海里了。“我是一条漂亮鱼”，它总这么对自己说。

渔夫要出海了，这次可是出远海，十天半月才能回家。留下儿子一人。第一天，鱼没按时吃到鱼虫。第二天，鱼依然没有吃的，它开始抱怨渔夫儿子这样怠慢一条漂亮鱼。第三天，它渐渐支持不住，饿得发慌。想到在海中，十天找不到食物，它依然行动敏捷，现在身子是发了福，只是游水的本领大不如前了。第四天，终于有吃的了，不是鱼虫，而是渔夫儿子吃剩的残羹。顾不上嫌弃，鱼大嚼起来。它实在饿得不行了。渔夫儿子总是隔三差五地送些残羹。鱼抱怨不停。

终于，消息传来，渔夫出海遇难了。渔夫儿子收拾东西后搬走了。什么都带上，只忘了那条漂亮鱼。鱼在缸里大喊：“嗨！带上我，别丢下我！”没人理它。

四周静悄悄，只剩下一口破水缸，一条漂亮鱼。

鱼很悲伤。想到昔日渔夫待它实在不薄，现在却遇难身亡，它十分悲伤。想到自己今后无人照料，将困于水缸。

鱼抱怨，抱怨水缸太小，抱怨伙食太差，抱怨渔夫儿子对它无礼，抱怨渔夫轻易出海，甚至抱怨它决意离开大海时伙伴们为何不加劝阻，抱怨它认识的所有人，只忘了抱怨它自己。

它又开始幻想。一个富商路过此处，发现一条漂亮鱼，于是把它小心地收好，养在家中的大水塘，每天都有可口的鱼虫……

太阳升起来了，四周静悄悄，只剩下一口破水缸，一条漂亮的鱼，死鱼。真的，它很漂亮。

生活就是这样，你可以选择在属于你自己的空间里自由翱翔。任何爱慕虚荣，幻想在别人的世界里找幸福的人，永远找不回自己真正的生活，也将被生活的浪涛淘汰。

17. 弱者回首就变强

在强者面前舍得放弃的人，表面上是弱者，其实他才是真正的强者，因为他学会了正确地去选择。

看《动物世界》，有一个场景始终在我的脑海里激荡。

一群迁徙的野牛在行进途中，突遭数只猎豹的袭击。刚才还是悠然自得的牛群顿时像炸了窝的马蜂，惊恐着四处奔逃，躲避着猎豹，逃脱着死亡。一只只野牛在奔逃中被扑倒，没有搏斗，挣扎也是那样有气无力，只是哀鸣了一声，便成了猎豹的食物。我为野牛大叫惋惜时，一只看似弱小的野牛，就在快被猎豹追上的刹那，突然转向，全身奋力后坐，努力将身体的重心后移，奔跑的四蹄成了四条铁杠，直直地斜撑在地上，随即身体周围腾起一股浓浓的尘土，如同爆响的炸弹掀起的浪。在这生与死的千钧一发之际，这只小小的野牛停住了，我的心随即提到嗓子眼。我的担心是多余的。急停下来的小牛，不但没有被猎豹吓倒，反而反转过身来，愤怒地沉下头扬起头顶上那一双尖尖的硬硬的角，猛抵冲过来的猎豹。那只不可一世的猎豹，还没有看清眼前发生的一切，就被野牛的尖角抵住了身体扎进了肚子，高高地抛向空中。顿时，情况急转直下，奔逃的野牛们还在拼命地奔逃，而制造死亡的其他猎豹却惊呆了，先是顿立，继而掉头逃走。

这是我平生看到的最惊心动魄的场面。

被猎豹追捕，多么惊恐万状；面临死亡回首痛击，又是多么壮烈伟岸！野牛是动物世界中身体强壮而眼大胆小的群体，又是一种生存中求实惠缺乏灵性的动物。在突如其来的灾祸面前，它们唯一的选择就是逃跑。逃跑的路线又是那么的单一，不管前面是沼泽、丛林，还是大山、断壁，一个劲地往前冲。而一旦被捉住，只有任其猎杀。自然的本能，拙劣的求生，悲惨的结局。我不知道为什么唯有那只小野牛不像它的父母兄弟姐妹一样奔逃求生，而选择以应战为自救方式——回首痛击，战胜死亡，但从中却给了我许许多多的启迪和联想。

生活中困难多于幸福，人生磨难十之八九。人不应在困难中倒下，要努力在危险中挺起，哪怕是不可抗拒的天灾人祸，哪怕是你弱小得奄奄一息。要时刻记住：弱者回首就变强。

18. 舍得放弃“尊严”

只有舍得放弃去维护个人的“尊严”，我们才能有尊严，一味坚持自己的错误，何谈尊严？

作为教师，也许“道歉”比“训斥”难度大得多。

某学校四年级语文单元测验，老师误将一位学生答对的题扣了分。卷子发下来，这位学生举起手说：“老师，我认为这道题这样答是对的，理由是……”老师重新看后作了纠正。按说这件事就过去了。不料，一会儿这位学生又举手说：“老师，您错了，应该向我道歉。品德课上老师就是这么说的。”顿时，教室里一片寂静，老师也愣住了。片刻，这位老师笑着说：“是我疏忽了。对不起！”

这句话深深地震动了我。一位四年级的小学生敢于坚持自己认知的正确性，要求教师纠正自己的错误已属不易，更可贵的是他用品德课上构架起来的道德标准去待人处世，坚持学生和老师不仅在真理面前平等而且在人格上平等，更为勇敢。更何况这份勇敢还可能是要承担“胆大妄为”、“得寸进尺”，甚至“目无尊长”的嘲笑和训斥。

尽管道歉是生活中一个再平常不过的细节，但作为老师，在学生面前承认自己的错误并诚恳道歉的并不多。因为，道歉对于老师来说，同样承担着“威信”一落千丈，学生效仿找“茬儿”等风险。但是，那位老师做了，他用自己的道德勇气呵护了幼小学生心田里刚刚萌芽的异常圣洁的光芒。

教书育人是教师的天职。育人，就是教孩子做具有健全人格、高尚人格的人。如果说“教书”是教师以知识的力量征服、感召自己的教育对象，那么，“育人”就需要教师以人格的力量征服、感召自己的教育对象。因此，塑造和维护好自己的人格形象，是教师做好教书育人工作的必要条件。教师人格上的“失足”，不仅会导致“育人”不能，甚至连“教书”也会难以为继。试想，如果那位老师坚持维护个人“尊严”，动辄训斥学生，那个小学生还敢与老师“据理力争”吗?

19. 放弃和老鼠打架

你是狮子，你就要选择好你的对手，对于老鼠的挑战，你要舍得放弃比赛。

有一次，一只鼬鼠向狮子挑战，要同它决一雌雄。狮子果断地拒绝了。“怎么，”鼬鼠说，“你害怕吗？”

“非常害怕。”狮子说，“如果我答应你，你就可以得到曾与狮子比武的殊荣；而我呢，以后所有的动物都会耻笑我竟和鼬鼠打架。”

你如果与一个不是同一重量级的人争执不休，就会浪费自己的很多资源，降低人们对你的期望，并无意中提升了对方的层面。同样的，一个人对琐事的兴趣越大，对大事的兴趣就会越小，而非做不可的事越少，越少遇到真正的问题，人们就越关心琐事。

威廉·詹姆斯说过：“明智的艺术就是清醒地知道该忽略什么的艺术。”不要被不重要的人和事过多打搅，因为成功的秘诀就是抓住目标不放，而不是把时间浪费在无谓的牺牲上。

20. 给别人温暖也就解决了自己的饥饿

自我欣赏的结果，必然是自我封闭。给别人一条路，也等于给自己一条路；给别人一个机会，也等于给自己一个机会。

一个寒冷的冬天，一个卖包子的和一个卖被子的同到一座破庙中躲避风雪。天晚了，卖包子的很冷，卖被子的很饿，但他们都相信对方会有求于自己，所以谁也不先开口。

过了一会儿，卖包子的说："吃一个包子。"卖被子的说："盖上条被子。"

又过了一会儿，卖包子的又说："再吃个包子。"卖被子的也说："再盖上条被子。"

就这样，卖包子的一个一个吃包子，卖被子的一条一条盖被子，谁也不愿向对方求助。到最后，卖包子的冻死了，卖被子地饿死了。

人若敬我，我便敬人；人若爱我，我便爱人；人若求我，我便求人；人若予我，我便于人。卖包子的和卖被子的所奉行的，应该是这样一种人生哲学。

有句歌词唱道，"只要人人都献出一点爱，这个世界就会变成美好的人间。"但其中最关键的，是谁先献出一点爱。第一个人献出的爱，才是最重要也是最宝贵的爱。

21. 人生无处不套牢

既然无论如何都只是一个套中人，那我们何不像艺术体操运动员那样，将自己于圈套中出出进进，还不失时机地来一个表演动作，潇潇洒洒过一生呢？

因为股市逐渐热了起来，有个词的使用频率也就日益增高，这便是——套牢。由于被股市赚钱的光环所诱惑而奋不顾身地跳了进去，谁知股价它非但不涨反而直线下跌，这就是套牢了。凡是玩股票的人，没有一个愿意自己被套牢的。可是大凡玩股票的人，没有一个能幸免于此。

股市真可谓是人生大课堂。收市之后，如果将眼光放得远一点，你会忽然发现，人生真是无处不套牢。生而为人，出生前就被子宫套牢，求学时，被学校套牢，工作了被单位套牢，结了婚被家庭套牢，死了被骨灰盒套牢。

说起来，人总是有一点贱，有些套子是自己要去钻的。股票是自己要买的，婚是自己要结的，国是自己要出的，儿子是自己要生的。假如买不到股票，人是会抱怨的；假如生不出儿子，人是会沮丧的；至于出不了国，人是会恼火的。有朋友终于拿到了绿卡，然而立即愁眉苦脸起来，问一问，说是原本穷学生一个，万事没有关系，而现在要以一个美国人的标准来要求自己，车是什么档次的车，房子是什么档次的房子，衣服是什么衣服，工作是什么工作……不一而足。原来绿卡也是个圈套。这么一说，做人就难了。得到了朝思暮想的东西还要犯愁，甚至更愁，这人生真是很无奈。

仔细想想，人是不能没有一点东西将自己套牢的。过于自由，心里就空落落的，魂不守舍，食不甘味，这种那种的孤独就要来咬人。有种说法是不会错的，凡是活人必然是套中之人。

人要套自己最无可救药。有人炒股，总是拨起算盘算自己理论上应该赚多少，而实际上少赚了多少，这样算来算去反而愈加不快乐。钱真是一个最坏的套子。

22. 不便宜别人

老怕便宜了别人，算计过甚的人，还是便宜了别人，到头来吃亏的还是自己。所以说，生活中该放的就得放该拿的还得拿，过于精明，最后只有吃亏一条路。

某人买回一堆小陶罐，大如拳，广口，给鸟喂食嫌大，装酱油还没盖儿。问他何意，此人双眼放光，用手比划：“才一毛八一个，多便宜！”是够便宜。大家看罐子有几十个，问干什么用。他一搔头皮，说：“这我倒没想。”众人哄笑说，再便宜，没用也是白买。他正色，说：“不对，这么便宜，我不买别人就要买呀。我全包圆儿，不能便宜了别人！”

看来，卖陶罐的比他先发现此物没什么用，才便宜卖。他买罐的狂喜到了不计较用途的地步，而最大的快乐不在便宜，而在别人无法享受这种便宜，即买断。

这样的心理很多人都有。当他享受某种物用的乐趣时，想到别人也在享用，就立刻黯然。一位日本财阀故世，与他谢世一道下落不明的还有其投资数千万美元收藏的两幅西洋名画。这是在日本发生的第二个用金钱消灭人类共同文化财富的例子。几年前，亦有一位日本财阀以梵高的画殉葬。他们咽不下气的原因是：自己死了，然而许多美好的东西仍然存在着，让他们实在接受不了。这些财阀不见得爱画，但大家都说好，就要买下，而且让大家永远见不到它。

老怕便宜了别人，算计过甚，还是便宜了别人。正如买陶罐的便宜了卖陶罐的，还落得个被众人嘲笑。

23. 寻找画的美丽

生活的美与丑，全在我们自己怎么看，只要选择了一种积极的心态，懂得用心去体会生活，就会发现，生活处处都美丽动人。

一个对生活极度厌倦的绝望少女，打算以投湖的方式自杀。在湖边她遇到了一位正在写生的画家，画家专心致志地画着一幅画。少女厌恶极了，她鄙薄地睨视了画家一眼，心想：幼稚，那鬼一样狰狞的山有什么好画的！那坟场一样荒废的湖有什么好画的！

画家似乎注意到了少女的存在和情绪，他依然专心致志神情怡然地做着画，一会儿他说：姑娘，来看看画吧。

她走过去，傲慢地睨视着画家和画家手里的画。

少女被吸引了，竟然将自杀的事忘得一干二净，她真是没发现过世界上还有那样美丽的画面——他将“坟场一样”的湖面画成了天上的宫殿，将“鬼一样狰狞”的山画成了美丽的长着翅膀的女人，最后他将这幅画命名为《生活》。

少女的身体在变轻，在飘浮，她感到自己就是那袅袅婀娜的云……

良久，画家突然挥笔在这幅美丽的画上点了一些杂乱无章的黑点，似污泥，又像蚊蝇。

少女惊喜地说：星辰和花瓣！

画家满意地笑了：“是啊，美丽的生活是需要我们自己用心发现的呀！”

24. 给车胎放气

既然退一步能海阔天空，我们为什么还要去选择悬崖峭壁？

有一道脑筋急转弯题：一辆装载紧急救援物资的卡车，想穿过一个桥洞，但洞口低于车高几厘米，问卡车如何巧妙通行?

这道题的答案是把车轮胎放掉一部分气即可。这道并不难的题却时常成为人们的“难题”。这样的问题，在生活中我们会遇到不少。开始时不是一筹莫展，搞得焦头烂额，就是硬往前撞，哪管它三七二十一，死了也悲壮。这固然表明一个人有勇气和自信，但往往会适得其反，事情会扯不清理更乱。毫无价值的牺牲，最终受害的是自己。实际上仔细想一想，解决问题的方法也许很简单，正如文中开头的司机，给车胎放一点气——低一低头即可。

纵观历史，也有借鉴的镜子。三国刘备再三低头：从三顾茅庐到孙刘联合，每一次低头，都会“柳暗花明又一村”，终于成就“三足鼎立”中的辉煌。越王勾践深深低下高贵的头，以卧薪尝胆收回旧山河。这是古人的典范。

某广告公司一职员，由于他年轻易冲动，得罪了经理。于是，在以后的日子里，每次开会他都自然而然成为会议的第一个主题——挨批对象。被批得面目全非的他，真想一走了之。但是他转念一想，如果真的走了，一些罪名不光洗不清，而且会被再蒙上厚厚的污垢；再者，这是一家很有名气的广告公司，自己完全可以从中源源不断地得以“充电”。于是他坚持留了下来，低头实干，以实实在在的业绩回击谎言。一笔又一笔的业务，增添了他的信心，也让他积攒下了许多经验和财富。最重要的是，从中总结出“给车胎放气”的处世哲学，使他终生受益。

漫漫人生路，有时退一步是为了越千重山，或是为了破万里浪；有时低一低头，更是为了昂扬成擎天柱，也是为了响成惊天动地的风雷。

25. 额外的要求

勤勤恳恳做每一件事，平平淡淡对待生命，那么在名利面前，则多了一分平静，少了一分贪婪。努力了，属于你的，跑不掉；不属于你的，再苛求，也难得到，别把自己弄得那么累。

由于意外的原因，连木尔赤和一个极愚笨的人，同时得到了命运的宠幸。命运之神说："我给你们中一次巨额奖金的机会，有花不完的硬通货。"

连木尔赤有额外的要求："我比那笨人有更多理性、智力，我应该在最后比他富有。"命运之神勉强答应了。

愚笨的人果然有了横财，他只能就俗，宝马香车、美人红酒。中年以后，穷极无聊，成为赌场的常客。当钱所剩不多时，寿终正寝，结束了庸俗的一生。

连木尔赤在死的前一天中了一亿美元的六合彩。命运之神满足了他的要求。

这说明有时好处求得越多，死得越尴尬。

连木尔赤第二次和一个极愚笨的人得到命运之神的宠幸，他又加上额外的要求："我要和那愚笨的人同样在年轻时富有，而且应该在最后比他富有。"命运之神请求他收回要求未果，悲伤地答应了他。

两个人同一天有了两亿美元。愚笨的人毫无创造性地当即过上了物质主义的生活，连木尔赤花了一天拟定他比愚人高妙千倍的花钱计划。第二天，他死了，命运之神再次满足了他的要求。

这说明有时好处求得越多，死得越悲惨。

命运之神宠幸他们的第三次，连木尔赤仔细思考了无缺憾的要求，以便使自己完全能占愚笨之人的上风，他说："我要和他同样在年轻时走运，终生比他有钱，而且长命百岁，这样，才能对得起我的智慧。"命运之神马上允许了。

愚笨的人得到了3亿美元，聪明的连木尔赤得到一个精神病医生的护理。命运之神的一条准则据说是：如果一个人处心积虑要把所有的好处拢给自己，就有病了。

26. 借钱与还钱

既然选择了借钱给别人，就要舍得放弃那些钱。

某日我到一位教授家拜访，适逢他的一位朋友去还钱。那人走了之后，教授就拿着钱感叹地说："失而复得的钱，失而复得的朋友。"

我听了不解地问后一句话的意思。

教授说："我把钱借给朋友，从来不指望他们还。因为我心想，如果他没钱而不能还，一定不好意思再来，那么我吃亏也只是一次；如果他有钱而想赖账，一定不敢再来，那么我等于花点钱，认清一个坏朋友。朋友借钱，只要数目不太大，我总是会答应，因为这是通财之谊。借出之后，我从不去催讨，因为这难免伤了和气。因此，每当我把钱借出去，总有既借出了钱又借出了朋友的感觉。而每当不待我开口，他们就如约将钱还来，我又有失而复得了钱且失而复得了朋友的快乐。这不是一种很平和完满的境界吗？”

对待借钱与友谊，我们能否像教授这样豁朗达观，做到两全其美呢？关键在于我们自己的心态。

27. 永不放弃的母子鸟

正因为母子鸟的彼此不放弃，使人们放弃了对它们的猎杀。

在地球最北端的格陵兰岛上有这样一种鸟：假如你逮住了母鸟，用不了多长时间，它的孩子们一定会千方百计地飞来寻找它们的母亲，不论你把母鸟藏到哪里，带到多远的地方；同样的，假如你逮住了雏鸟，它们的母亲也会千方百计地寻找到它的孩子，不论你把它的孩子带到哪里。

岛上的人们把这种鸟叫母子鸟。

格陵兰岛的大部分土地都在北极圈以内，土地长年冰封，岛上的人们主要以狩猎为生。要按我们一般的想法，岛上的猎人只要想办法逮住母鸟或子鸟，坐在家里等着大批的鸟自投罗网就可以了，这是何等事半功倍的事情啊！但是，格陵兰岛上的居民们没有这样做，而且，千百年来，岛上的人从来也没有人去射杀母子鸟。这个传统一辈一辈地流传下来，成为格陵兰岛上不成文的法律。

格陵兰岛上几乎没有三口两口的小家庭，大都是几十口人的大家庭，直到实在是住不下了，才恋恋不舍地分开居住。人们说，连鸟都知道亲情团圆，都知道千里相随，我们为什么要骨肉分离呢？

岛上的大部分居民还处在半原始的生活状态，但几乎所有到了这个岛上的人，都为他们注重亲情、和睦相处的情景震惊。岛上几乎没有什么法律，更谈不上军队和警察，但岛上的居民却和睦快乐地生活着。医生给人治病，都会凭着自己的良知倾其所能，因为他知道在病人的家里，许多亲人正在焦急地盼望着。他们中没有人去做坑人骗人的奸商，因为他们知道，假如坑骗了孩子，会令他们的父母痛心；而坑骗了父母，会连累了他们的孩子。整个社会，所有的人都在这么想，每一个人都是有父母有孩子的人，都有许许多多的亲人在牵挂着，不能做伤害人让人痛心的事情。

28. 成功始于选择与放弃

有许多人，就因为一生都在走最短的路，结果每每走进死胡同，把大好的时间和年华都浪费掉了。人生需要走些弯路，人生不要怕走弯路，但有一个前提：走弯路是为了走最快的路。

坐在出租车上，司机问：“先生，是走最短的路，还是走最快的路？”我好奇地问他：“最短的路不是最快的吗？”“当然不是，现在是高峰，最短的路经常交通堵塞，走的时间就长。您要是有急事，就得绕道走，多跑点路，可能早到……”因为我有急事，当然只能选择最快的路。

其实，即使我没有急事，也不愿在出租车里坐上很长的时间。

走最短的路，还是走最快的路?

一个人不只是在坐出租车时会遇到这种情况，人生的时时刻刻都会面临着这样的选择，这种选择有时让人很无奈，可只要想有出息的人都会选择走最快的路，而宁愿让自己多吃苦多受累多走路，因为一个人的时间是有限的，机会是有限的，只能选择走最快的路。

坐车上山，从山底到山顶的路都是盘山而上的，路的距离是直线到山顶的几倍甚至十几倍。可仔细想一想，要是修一条从山底直达山顶的直线的路，那得有多少车和人要葬身于此山呀！走最快的路还有一个前提：最快的路也应该是安全的路!

走最快的路，有时还得走一段艰辛的路，被荆棘划破皮肉，被乱石扎破腿脚，可为了快点到达目的地，也只能忍受一些苦难。

走最快的路，还得少犹豫。要是走到每个路口都坐下来想半天走哪条路更快，那可能就是走得最慢的了。人生需要选择，也需要放弃，选择与放弃是成功的两个不可缺少的条件。

29. 爱人是你最佳的选择

既然是千万个人群之中选择了他（她），就要好好地去珍惜他（她）。

隔壁的小两口又在吵架了。

男的说：“没见过像你这样蛮不讲理的女人！”女的说：“真不假，我也没见过像你这样粗鲁蛮横的男人！”男的又说：“你看看人家兰兰妈，多温柔体贴，又会操持家务，哪像你整天就知道围着牌桌不下场！”女的反唇相讥：“还好意思说，你也不看看小军他爸，人家上两个班，还经常写字画画发表文章赚外快，哪像你就知道喝酒聊天瞎胡吹！”

俗话说：老婆是人家的好，孩子是自家的亲。

现实生活中的确存在这种现象。回想当初，他(她)不也是你的最佳选择吗？若不然你又何必与他(她)结婚呢？两个人经过一段婚姻生活后，婚前的新鲜感已荡然无存，对方的缺点也暴露无遗，这时便生出许多感叹埋怨来：当初要不是怎么怎么，我才不会看上你呢……

有一个关于苹果的故事：

上帝拿出两个苹果，让一幸运男子挑选。这男子权衡再三，终于下定决心，选了其中认为最满意的一个。上帝含笑赐予，他千恩万谢，接过后转身离去。突然，他反悔想调换成另一个，回头后上帝已不见了，他只得耿耿于怀过了一生。于是，上帝叹道：“人啊，总是期待那些未到手的，而不好好珍惜手中所有，怎么可能获得幸福呢？”

上帝之言千真万确！常言道：这山望着那山高，到了那山更糟糕。人心不足蛇吞象，说的就是这个道理。其实你认为最好的也未必适合你，而你现在拥有的却正是你最需要的，现实生活中这类事例比比皆是。告诉自己，自己的爱人才是当世无双最最完美的理想伴侣。只有这样，你的心理才能平衡，你的心情才能舒畅，你才能活得坦然过得洒脱。

30. 进路与退路

在人生的旅途中，前进固然可喜，后退也未尝可悲，最重要的是：在前进时要知道自制，免得只能进而不能退；在后退时则要知道自保，使得退却重整之后，能够再前行！

如果你是一个登山爱好者，计划攀登一座路径不熟的高山，即使原定一日往返，除必备的指南针，你的行囊中还应该包括一把小刀、一条绳索、一盒用塑料袋包好的火柴、一点盐巴、一块折起来不大的透明塑料布或雨衣和一个哨子。

那把小刀，在前进时可以帮助你用来切割猎物、削竹为箭、砍木为叉；在你被蛇咬伤时，更可以用来将伤口切成十字，以吸出毒血。

那条绳索，在前进时可以帮助你攀爬；在你遇险时，可以用来营救；在编织担架时，可以用来捆绑。

那盒火柴，在你前进时，可以用来烹食；在你遇难时，则可让你点起柴火，熬过高山上寒冷的夜晚。

那块透明的塑料布或雨衣，在你前进时，可以用来防雨；当你困阻在深山时，更可以使你减少地面或环境中潮冷的侵袭，甚至在缺水时，用来收集地面蒸发的水气，使你免于干渴。

那块盐巴，在你前进时，可以用来烹调鲜美的食物；在你困厄时，则能用来消毒、补充体力，甚至帮助你吞下平时绝对难以接受的野生食物。

至于那只哨子，在你前进时，可以用来招呼队友，作为集合的讯号；在你落难而饥寒交迫喊不出声音时，更可用这只哨子，隔几分钟吹一下，而使搜救人员找到你。

如此说来，哪一样东西可以少呢，它们占的空间不大，却是你行前绝不能疏忽，而落难时可能保命的。

旅游时，如果是旧地重游，不妨在既有的大道之外，再去寻访一些小路，发现新的风景；如果是到陌生的地方，则应该记住来时的道路，以便遇到困阻时能够脱身。对已知的环境，做进一步想；对未知的环境，做退一步想。

31. 朝三暮四只会一事无成

在实现目标的道路上，最忌讳的就是朝三暮四。

好多年前，有人要将一块木板钉在树上当搁板，贾金斯走过去管闲事，说要帮他一把。

他说："你应该先把木板头子锯掉再钉上去。"但是，他找来锯子之后，还没有锯两三下就撒手了，说要把锯子磨快些。

于是他又去找锉刀。接着他又发现必须先在锉刀上安一个顺手的手柄。于是，他又去灌木丛中寻找小树，可砍树又得先磨快斧头。

磨快斧头需将磨石固定好，这又免不了要制作支撑磨石的木条。制作木条少不了木匠用的长凳，可这没有一套齐全的工具是不行的。于是，贾金斯到村里去找他所需要的工具，然而这一走，就再也不见他回来。

后来人们发现，贾金斯无论学什么都是半途而废。他曾经废寝忘食地攻读法语，但要真正掌握法语，必须首先对古法语有透彻的了解，而没有对拉丁语的全面掌握和理解，要想学好古法语是绝不可能的。

贾金斯进而发现，掌握拉丁语的唯一途径是学习梵文，因此他便一头扑进梵文的学习之中，可这就更加旷日费时了。

贾金斯从未获得过什么学位，他所受过的教育也始终没有用武之地。但他的先辈为他留下了一些本钱。他拿出10万美元投资办了一家煤气厂，可造煤气所需的煤炭价钱昂贵，这使他大为亏本。于是，他以9万美元的售价把煤气厂转让出去，开办起煤矿来。可这次他又不走运，因为采矿机械的耗资大得吓人。因此，贾金斯把在矿里拥有的股份变卖成8万美元，转入了煤矿机器制造业。从那以后，他便像一个内行的滑冰者，在有关的各种工业部门中滑进滑出，没完没了。

他恋爱过好几次，可是每一次都毫无结果。他对一位姑娘一见钟情，十分坦率地向她表露了心迹。为使自己配得上她，他开始在精神品德方面陶冶自己。他去一所培训学校上了一个半月的课，但不久便自动逃遁了。两年后，当他认为问心无愧、可以启齿求婚之日，那位姑娘早已嫁给了一个愚蠢的家伙。

不久他又如痴如醉地爱上了一位迷人的、有5个妹妹的姑娘。可是，当他上姑娘家时，却喜欢上了二妹，不久又迷上了更小的妹妹……到最后他一个也没谈成功。

32. 利用好今天

只有那些懂得如何利用“今天”的人，才会在“今天”创造成功事业的奠基石，孕育明天的希望。

在古老的原始森林里，阳光明媚，鸟儿们欢快地歌唱，辛勤地劳动。其中有一只寒号鸟，有着一身漂亮的羽毛和嘹亮的歌喉，更是到处游荡卖弄自己的羽毛和嗓子。看到别人辛勤地劳动，它反而嘲笑不已，好心的鸟儿提醒它说：“寒号鸟，快垒个窝吧！不然冬天来了怎么过呢？”

寒号鸟轻蔑地说：“冬天还早呢，着什么急！趁着今天大好时光，快快乐乐地玩玩吧！”

就这样，日复一日，冬天眨眼就到来了。鸟儿们晚上都在自己暖和的窝里安详地休息，而寒号鸟却在夜间的寒风里，冻得瑟瑟发抖，用美丽的歌喉悔恨过去，哀叫未来：“寒风冻死我，明天就垒窝。”

第二天，太阳出来了，万物苏醒了。沐浴在阳光中，寒号鸟好不得意，完全忘记了昨天晚上的痛苦，又快乐地歌唱起来。

有鸟儿劝它：“快垒窝吧！不然你晚上又要发抖了。”

寒号鸟嘲笑地说：“你这个不会享受的家伙。”

晚上又来临了，寒号鸟又重复着昨天晚上一样的故事。就这样重复了几个晚上，大雪突然降临，鸟儿们奇怪寒号鸟怎么不发出叫声了呢？太阳一出来，大家四处寻找，发现寒号鸟早已被冻死了。

《寒号鸟》虽是一则寓言，但它的确讲明了在人的一生中，今天是多么重要，是你最有权力发挥或挥霍的；寄希望于明天的人，是一事无成的人，到了明天，后天也就成了明天。今天你把事情推到明天，明天你就把事情推到后天，一而再，再而三，事情永远没个完。

33. 多一分耐心，多一点谦恭

在实践理想时，你必须与自己作比较，看看明天有没有比今天更进步——即使只有一点点。

一所大教堂的牧师许多年前问一位美国学者："你知不知道任何有关南非树蛙的事？"

"不知道。"学者有点儿惊讶地回答他。

他说："你可能不想知道南非树蛙的事，但如果你想知道，你可以每天花5分钟阅读相关资料。5年内你就会成为最懂南非树蛙的人。有人会邀请你到他们总公司，还付你一大笔钱就为听听你对南非树蛙的意见。当然，这是很专业的一门学问，听众可能不多，但想想看，只要持续5年，每天花5分钟阅读相关资料，你就能够成为研究南非树蛙这一领域中最具权威的人。"

这位学者常常想到牧师说的话。

大多数人都不愿意每天投资5分钟的时间(与5个钟头的时间相比实在是少之又少)努力成为自己理想中的人。

伍迪·艾伦说过，生活中90%的时间只是在混日子。大多数人的生活只停留在为吃饭而吃、为搭公车而搭、为工作而工作、为回家而回家……他们从一个地方逛到另一个地方，事情做完一件又一件，好像做了很多事，但却很少有时间从事自己真正想完成的目标。就这样，一直到老死。

成功与不成功之间的距离，并不如大多数人想象的是一道巨大的鸿沟。成功与不成功只差别在一些小小的动作上：这个动作就是每天花5分钟阅读、多打一个电话、多努力一点、多费一点心思、多做一些研究，或在实验室中多试验一次。

伟大的哲学家冯·哈耶克说："如果我们多设定一些有限定的目标，多一分耐心，多一点谦恭，那么，我们事实上便能够进步得更快且事半功倍；如果我们'自以为是地坚信我们这一代人具有超越一切的智慧及洞察力并以此为傲'，那么我们就会反其道而行之，事倍功半。"

34. 不要活在别人的阴影里

毫无疑问，你要在生活中有所作为，就必须完全消除需要得到赞许的心理！它是精神上的死胡同，它绝不会给你带来任何益处。

一位名叫奥齐的中年人，对于现代社会的各种重大问题都有着自己的一套见解，如人工流产、计划生育、中东战争、水门事件、美国政治等等。每当自己的观点受到嘲讽时，他便感到十分沮丧。为了使自己的每一句话和每一个行动都能为每一个人所赞同，他花费了不少心思。

他向别人谈起他同岳父的一次谈话。当时，他表示坚决赞成无痛致死法，而当他察觉岳父不满地皱起眉头时，便几乎本能地立即修正了自己的观点："我刚才是说，一个神志清醒的人如果要求结束其生命，那么倒可以采取这种做法。"奥齐在注意到岳父表示同意时，才稍稍松了一口气。

他在上司面前也谈到自己赞成无痛致死法，然而却遭到强烈的训斥："你怎么能这样说呢？这难道不是对上帝的亵渎吗？"奥齐实在承受不了这种责备，便马上改变了自己的立场："我刚才的意思只不过是说，只有在极为特殊的情况下，如果经正式确认绝症患者在法律上已经死亡，那才可以截断他的输氧管。"最后，奥齐的上司终于点头同意了他的看法，他又一次摆脱了困境。

当他与哥哥谈起自己对无痛致死法的看法时，哥哥马上表示同意，这使他长长地出了一口气。

他在社会交往中为了博得他人的欢心，甚至不惜时时改变自己的立场。就个人思维而言，奥齐这个人是不存在的，所存在的仅仅是他人做出的一些偶然性反应；这些反应不仅决定着奥齐的感情，还决定着他的思维和言语。总之，别人希望奥齐怎么样，他就会怎么样。

现实生活中，这样的人和事也不少。有一个做秘书的，领导让他看一篇报告写得如何。他看过后来汇报，说："我认为写得还不错。"领导摇了摇头。他赶快说："不过，也有一些问题。"领导又摇摇头。他说："问题也不算大。"领导又摇摇头。他说："问题主要是写得不太好，表述不清楚。"领导又摇摇头。他说："这些问题改改就会更好了。"领导还是摇头。他说："我建议打回这个报告。"这时领导说了："这新衬衣的领子真不舒服。"

一旦寻求赞许成为一种需要，做到实事求是几乎就不可能了。如果你感到非要受到夸奖不行，并常常做出这种表示，那就没人会与你坦诚相见。同样，你不能明确地阐述自己在生活中的思想与感觉，就会为迎合他人的观点与喜好而放弃你的自我价值。

人在生活中必然会遇到大量反对意见，这是现实，是你为“生活”付出的代价，是一种完全无法避免的现象。

35. 要超常就需要舍弃

想获得某种超常的发挥，就必须扬弃许多东西。

中国有句古话：有所为，就有所不为。有所得，就必有所失。什么都想得到，只能是生活中的侏儒。要想获得某种超常的发挥，就必须扬弃许多东西。瞎子的耳朵最灵，因为眼睛看不见，他必须竖着耳朵仔细听，久而久之，耳朵功能达到了超常的水平。会计的心算能力最差，2加3也要用算盘打一遍，而摆地摊的则是速算专家。生活中也一样，当你的某种功能充分发挥时，其他功能就可能退化。

世间上行业千千万万，哪行做好了都能赚钱。每天都有企业垮台、破产，每天同样也有新的企业诞生。经营任何一种行业的商人，只有经营自己熟悉的主业，把它研究深、透，方能成为该行业的老大。

作为一个成熟的商人，你要学会放弃那些你不熟悉的行业，千万不要轻易进入，别人在赚钱，不要眼红心动，否则，今天的投资，很可能意味着明天的垮台！

很多人都梦想能拥有一份好工作，这份工作最好是能带来财富、名声、地位，为人称羡。但事实上，在激烈的市场竞争中，已经没有哪一种工作是真正的热门行业，无论何种工作，都无法提供完全的保障。那么如何以不变应万变，取得一份较为实际同时又富含理想色彩的工作呢？以下建议，您不妨一试：

放长线钓大鱼。求职就业，你不必总是盯着“热门”。过去是360行，现在的行当更多，但没有一种是永远的热门职业。而且随着社会的变迁，旧的行业在不断消失，新的行业又不断产生。近10年来，就业市场中冒出不少新兴行业，像投资顾问、房屋中介经纪人、自由工作者等等，都吸引了大批就业人口。而一种新兴的职业之所以能在就业市场中独领风骚，是与社会经济发展和人们就业观念的转变息息相关的。一开始，它也许并不是热门，只是追求的人多了，才成了时尚。如果这时你想介入该行业，就应当充分考虑你的兴趣、能力，你的就业磨合期、收益时限以及这一职业的未来前景。

其实，如今整个社会对于“职业贵贱”的观念愈来愈淡，那些过去被人视为“下等人”干的工作，现在反而更能锻炼人的本领，发挥出人的潜力。西方国家的许多大学毕业生，一开始没有多少是按专业对口工作的，很多人是从推销员、收银员乃至在餐厅打工起步，然后一步步走上新的岗位。比起“抢短线”的激进行为，在择业中搞“长线投资”似乎更为理智、更具个性。

以智能求生存。时代在变，社会在变，我们正在从事的工作也在不断变化，如何让自已成为就业市场的“常胜将军”呢？你需要的是不断“充电”。除了本行工作，你还应当熟知一些专业以外的事务。不仅要成为专门人才，还要把自己塑造成一个适合时代发展的复合型人才。这样，你才能适应就业市场的需求。

个人主导生活。为了求得一份收入丰厚的工作，有不少人放弃了个人的兴趣追求。工作时往往超负荷运转，个人空间极小。从社会对劳动力的不同需求来看，这种选择无可厚非。但这往往并不是人们心目中最理想的选择。赚钱当然是必要的，但人们除了工作之外，对其他事物也有追求，如自由的时间、良好的体质、满意的人际关系和幸福的家庭等等。因此，一份相对自由的、能充分发挥个人聪明才智的工作将越来越成为人们的首选择业目标。这样，人们就可能拥有更多灵活的时间，弹性安排自己的生活。这样的工作才是个性化的、理想的工作。

36. 错过花，你将收获雨

在落泪前留下背影，将昨天埋在心底，有个轻松的开始。

许多的事情，总是在经历过以后才会懂得。一如感情，痛过了，才会懂得如何保护自己；傻过了，才会懂得适时的坚持与放弃，在得到与失去中我们慢慢地认识自己。其实，生活并不需要这么些无谓的执著，没有什么就真的不能割舍。舍得放弃，生活会更容易。

舍得放弃，在落泪以前转身离去，留下简单的背影；舍得放弃，将昨天埋在心底，留下最美的回忆；舍得放弃，让彼此都能有个更轻松的开始，遍体鳞伤的爱并不一定就刻骨铭心。这一程情深缘浅，走到今天，已经不容易，轻轻地抽出手，说声再见，真的很感谢，这一路上有你。曾说过爱你的，今天，仍然爱你。只是，爱你，却不能与你在一起。一如爱那原野的火百合，爱它，却不能携它归去。

每一份感情都很美，每一程相伴也都令人迷醉。是不能拥有的遗憾让我们更感缱绻；是夜半无眠的思念让我们更觉留恋。感情是一份没有答案的问卷，苦苦的追寻并不能让生活更圆满。也许一点遗憾，一丝伤感，会让这份答卷更隽永，也更久远。

收拾起心情，继续走吧，你终将收获自己的美丽。

爱情没有永久保证书。有个男士饱受一位前女友骚扰，骚扰范围之广，等于古代的“诛九族”，所有亲戚朋友都备受这位不甘离去的女友的电话恐吓。后来他亲自去恳谈和解时才发现，原来他的前女友已经有新的恋人——她自己有新欢，但就是不让他轻松如意。新的已来，旧爱还不愿舍去。

一个永远不想失去你的人，未必是爱你的人，未必对你忠心耿耿，有时只是这种脑袋不清的强烈占有欲者，他们才会做出各种“损人不利己”的事情，还觉得如此理所当然。

在心中如果有“曾经拥有就永远不要失去”的偏执狂与占有欲，越想要获得爱的永久保证书，只会越走越偏离。

谁说喜欢一样东西就一定要得到它。有时候，有些人，为了得到他喜欢的东西，殚精竭虑，费尽心机，更甚者可能会不择手段，以至于走向极端。也许他得到了他喜欢的东西，但是在他追逐的过程中，失去的东西也无法计算，他付出的代价是其得到的东西所无法弥补的。也许那代价是沉重的，直到最后才会被他发现罢了。其实喜欢一样东西，不一定要得到它。

有时候为了强求一样东西而令自己的身心都疲惫不堪，是很不会算的。再者，有些东西是“只可远观而不可近瞧的”，一旦你得到了它，日子一久你可能会发现其实它并不如原本想象中的那么好。当你发现你因此失去的和放弃的东西更珍贵的时候，我想你一定会懊恼不已。所以也常有这样的一句话：“得不到的东西永远是最好的”。所以当你喜欢一样东西时，得到它并不是你最明智的选择。

谁说喜欢一个人就一定要和他在一起。有时候，有些人，为了能和自己所喜欢的人在一起，他们不惜使用“一哭二闹三上吊”这种最原始的办法，想以此挽留爱人。也许这样留住了爱人的人，但是这却留不住他的心。更有甚者，为了这而赔上了自己那年轻而又灿烂的生命，可能这会唤起爱人的回应吧，但是这也带给了他更多的内疚与自责，还有不安，从此快乐就会和他挥手告别。其实喜欢一个人，并不一定要和他在一起，虽然有人常说“不在乎天长地久，只在乎曾经拥有”，但是并不是所有的人都会快乐。喜欢一个人，最重要的是让他快乐，因为他的喜怒哀乐都会牵动你的心绪。所以也有这样一句话：“你快乐，所以我快乐。”因此，当你喜欢一个人时，暗恋也不失为上策。

所以，无论是喜欢一样东西也好，喜欢一个人也罢，与其让自己负累，还不如放轻松地面对，即使有一天放弃或者离开，你也学会了平静。

喜欢一样东西，就要学会欣赏它、珍惜它，使它更弥足珍贵。

喜欢一个人，就要让他快乐，让他幸福，使那份感情更真挚。如果做不到，那你还是放手吧，因为放弃也是一种美丽。

37. 别做“完美主义者”

不要等到所有的情况都完美以后，才动手去做，那样的话你有可能一事无成。

在我们的周围，你会发现一些人，他们的智商很高，才智过人，很聪明，工作能力也很不错，而且又非常勤奋，一工作起来常常什么都有可能忘了。但是，他们却就是出不了什么成果，眼看着比他们在各方面都差一些的人成果都十分显著了，而他们却依然默默无闻。

寻找这类人之所以迟迟不能成功的原因，可能不是一件容易的事情，因为他们的才华虽然说不上盖世，但比起我们常人却超出了一截，他们的脑筋也很灵光，工作也够勤奋。如果真是这样的话，他有可能是个“完美主义者”。

你可能要说：“完美主义”不好吗？回答是：不好。如前所说，这些人之所以不能取得成绩，不能取得人生的成功，不是他们缺少能力，而是他们在做任何事情之前，都不能克服自己追求完美的痴情与冲动。他们想把事情做到尽善尽美，这当然是可取的，但他们在做一件事情之前，总是想使客观条件和自己的能力也达到尽善尽美的完美程度之后才去做。这些人的人生始终处于一种等待的状态之中。他们没有做成一件事情不是他们不想去做，而是他们一直等待所有的条件成熟，因而没有做，他们就在等待完美中度过了自己不够完美的人生。

比如，他想写一篇关于某方面的论文，他首先会在尝试几种、十几种，乃至几十种方案之后才动手。这么做当然是好的，因为他可能在比较之中找到一种最佳的方案。但是，在他开始写的时候，他又会发现他选择的那种方案依然有些地方不够完美，多多少少还存在着一些错误和缺点，都不是尽善尽美，而他却非要找出一种“绝对完美”的方案来。于是，他就将这种方案搁置起来，继续去寻找他认为的“绝对完美”的新方案，或者，将这一论文的选题放下，又去想别的事情。实际上，天下没有什么东西是“绝对完美”的，他要找到这种东西是不可能实现的。这种人总是不愿出现任何一种失误，担心因此而损害自己的名誉。所以，他的一生都在寻找的烦恼中度过，结果什么事情也没能做成。

如果你不相信这一点，你可以从你的人生档案中找出你拖延着没有做的事情，没有完成的项目或者课题，这样的事情你可能也会找出一大堆：搬了新家窗帘还没有装，所以没有请朋友来家里玩；一篇文章的构思还不是非常成熟，所以还没有写；这只现价三十元的股票原想等掉到五块钱再买，但它一直掉不到五块钱，所以就一直未买……归纳一下你会发现，你一直在等待所谓的条件完全具备，你好将它做得尽善尽美。可是，你可能会发现社会上同样的事情有些人的方案或者条件还不如你的成熟，但他们的成果已经问世，或者已经赚了一大笔钱。你又会因此而烦恼。造成这种状况的原因就是你患上了“完美主义”的毛病。

这就可以解释，为什么会有那么多表面看起来相当精明能干的人，到头来却一事无成，在人生的道路上坎坷颇多，进退维谷。

你还可以做这样的试验，把手头的某项工作交给你的两位部下，一位是完美主义者，一位是现实主义者，然后看他们面对同一工作会有哪些不同。等他们的方案提交上来，你会发现，完美主义者可以一下子给你提供十多种可能的方案，并分别说明了其可行性与利弊得失。但是他无法确定哪种方案最好。而现实主义者则不然，他可能只有一种方案，也就是他要实施的那套方案。在聪明才智方面，他比不上前者，但他能够给出一套很实用、马上就可实施的方案。

所以，在人生中，无论是对待工作、事业，还是对待自己、他人，我们不妨做一个适度的妥协主义者，而不要做一个完美主义者。因为完美主义者有可能什么事情也没有做成，而妥协者却会多多少少有些进展。

请记住：不要等到所有情况都完美以后，才动手去做。如果坚持要等到万事俱备，你就只能永远等待下去了。同时，对待自己也要宽容些，不必追求自己永远绝对完美。这样，你不但少了许多烦恼，同时，你会发现，你的工作、事业在一个较短时间就会有大的发展。

38. “事必躬亲”只能累自己

在现代社会，随着社会分工的越来越细，做老板或做其他管理人员，也需要“抓大放小”，给你的下属以发展空间。

一说到“事必躬亲”，我们有许多人想到《三国演义》中那个“鞠躬尽瘁，死而后已”的军师诸葛亮。这个为了帮助刘备以及刘备的儿子恢复汉室的丞相诸葛亮，在刘备死后，为了使摇摇欲坠的蜀政权不至于加速灭亡，可以说做到了“事必躬亲”。

可惜的是，诸葛亮的本事再大，也没有能力挽狂澜，最后只好抱病死在了五丈原。不过，诸葛亮与其说是病死的，倒不如说是累死的，他就是让“事必躬亲”活活地累死了。

所以说，诸葛亮是聪明了一世，也糊涂了一世。他的聪明我们已熟知，而他的糊涂就在于太相信自己，而没有将别人也可以做的事情让别人去做，没有充分“放权”。因为就算诸葛亮的能耐再大，也不可能将所有的事情都做了。

在现代社会，随着社会分工的越来越细，做老板或是其他管理人员，也需要“抓大放小”，给下属以充分的发展空间。

人的确有着巨大的潜能，人的发展也有着无限的可能性，但是，人毕竟是人，而不是万能的上帝。所以，你不可能懂得天下所有的知识，你也不可能熟练地掌握天下所有的技艺，你更不可能做完天下所有的事情。了解了这一点，你也就了解了我们的社会为什么会有各行各业的分工，你也就了解了一个成功人士要走向成功绝不会仅仅靠他一个人单枪匹马地去冲锋陷阵。

现代社会生产的一个突出特点，也就是它不同于古代作坊式生产的地方，就是它以流水线式的生产为基本模式，即集体的力量越来越重要，甚至，任何一个产品，单独依靠一个人的力量是根本无法生产的。比如电视机，除了发明电视机者，还有设计师以及每个零件的生产者、安装师等等，如果一个人想造出一台电视机，而且每个部件都是自己设计、生产的话，也不知道到猴年马月他才能生产出来。

所以，一个好的经理或是其他管理人员，他就会懂得“更精明而不是更辛苦地工作”。

为了能把你真正地解放出来，你要学会把具有挑战性的工作、甚至是决策性的工作，还有使下属有所收益的工作授权给他们。这首先建立在你充分信任你的某些下属的基础上，“用人不疑，疑人不用”，这其中的道理，你可能比谁都清楚。因此，在你授权的时候，别忘了把整个事情都托付给对方，同时交付足够的权力好让他做必要的决定。

这和说“只要照着我的话去做”完全是两回事。

39. 忍是大智、大勇、大福

忍学是中国的国粹，是中国儒家思想的精髓。中国历史上，许多成名人物都是靠忍字而成大业的。

中国有句古话：忍一时，风平浪静；退一步，海阔天空。意思是让我们在某些特殊情况下，不要一味使用蛮劲去碰壁，而应该分析局势，作出某些以退为进的决策。这句古话的核心思想就是一个“忍”字。

忍学是中国的国粹，是中国两千多年来的儒家思想的精髓。中国历史上的许多成名人物都是靠忍字而成大业的。世界上许多在事业上非常成功的犹太籍、日籍的企业家和金融巨头亦将忍字奉为修身立本的真经，均在自己家中、办公室中悬挂着巨大的忍字条幅……可以毫不夸张地说，忍学是世界上成功的企业家、政治家、军事家、外交家、科学家的必修之课。

为什么要提倡“忍”呢？这是根据某些事物的具体情况来决定的。有的时候，你处于十分尴尬的境地，无论你怎么努力，成效似乎都不大。被你一直信奉不疑的“一分耕耘，一分收获”似乎不再有效，这就好比手中拿着一万元钱却想通过自己的精心测算、分析来撼动股市一样。此时，你所作的最好策略就是不要凭着自己的“蛮劲”，一味地相信自己的判断，投入到某些前途极端凶险的股票中，相反，若你退一步，静观一下股市变化，先求其次，买一些绩优股，再选定时机适时而动，投入到选中的冷门中，这时你才能真正获得成功。

忍能成大器。只要你在做人的准则中牢牢记住忍这一条，你定能成大器。越王勾践卧薪尝胆，甚至以一国之君的身份为人做马夫，终于赢得了后来的“三千越甲可吞吴”的大业。汉朝时的韩信，若不是能忍得住那“胯下之辱”，怎能从一个街头小痞子一跃而成淮阴侯。

忍能赚大钱。这是一个在商海中遨游多年的朋友对我讲的一句话。多年来，他一直坚信，在自己有求于人的时候，一定要付出代价，这个代价就是忍字带来的后果。有时候，从银行贷款，就硬是要忍住审查人员的吹毛求疵。与人谈生意，稍一不忍就可能损失一笔大钱。如果你的确要求助于那个对你横鼻子瞪眼睛的人，你就忍一忍吧！只要不是原则性冲突，忍过了之后，钱就进来了，又何乐而不为呢?

当然，我们讲一个忍字，并不是劝告你怯懦，真正的忍是以退为进的手段。那些只是一味地退让，而不考虑自己真正的目标、不思进取的人，忍来忍去反而会让他永远不能爬起来。

40. 吃亏是福，贪得是祸

贪是人类一切祸害的根源。

清代志士郑板桥积十载为官之辛酸用血泪凝成的条幅“吃亏是福”，屡被认做是怪论，其人也被视为怪物。

郑板桥得此绝“论”，并非一时冲动。他始作秀才时就断然将家奴契券付之一炬，宣称此举“是为人处，即是为己处”，其中便隐含了“贪得是祸”的涵义。及至登上县令之位，他谈及为人之道时又披露某些人“一捧书本，便想中举，中进士，做官，如何攫取金钱，造大房屋、置多田产。起手便走错了路头，后来越做越坏，总没有个好结果。”这就明言“贪得是祸”了。

广东某银行营业部一票据交换员，贪污200余万元巨款潜逃澳门，被抓捕后他自供在澳门惶惶然如惊弓之鸟：半步不敢出街门，常以腐乳、大头菜佐餐度日。

湖南某县某官员收受贿赂，贪污、挪用国家的建筑物资。两院通告发布后，他时时观“气候”，阵阵看“动静”，终被拘审。这前前后后，他每一根神经都处于极端紧张状态，如同怀揣小鹿，何曾坦荡过片刻？岂非“贪得是祸”乎？

所以别看有些人一时“金满箱，银满箱”，到头人财两空，“转眼乞丐人皆谤”！

这“贪得是祸”得到验证，“吃亏是福”就理所当然了。甘心吃亏之辈当年较之贪得之徒当然是亏了，殊不知事物发展的必然规律是：满者，损之机；亏者，盈之渐。

更何况那些贪得者本来就如同在刀尖上跳舞，时刻提心吊胆，只要稍有闪失，就会身首异处。而今廉政之风劲吹，举报之声四起，“满者”更不免有勾魂牵命之感；“亏者”却既平且安，纵令半夜敲门，也不心惊，实可谓其福无穷也！

41. 原谅生活是为了更好的生活

别跟自己过不去，也别跟生活过不去，没理由不滋润、不快活，关键是我们选择什么样的角度看生活与看自己。我们有我们的悲哀，生活有生活的难处，应当学会原谅生活。

“月有阴晴圆缺，人有悲欢离合，此事古难全。”古人有古人的悲哀，可古人看得很开，他们把人世间的悲欢离合比作月的阴晴圆缺，一切全出于自然，其中有永恒不变的真理，它像一只无形的手在那里翻云覆雨，演绎着多色多味的世界；今人也有今人的苦恼，因为“此事古难全”。

苦恼和悲哀常常引起人们对生活的报怨，哀自己的命运，怨生活的不公。其实生活仍然是生活，关键看你取什么角度。

有沮丧失落的时候，我们对一切感到乏味，生活的天空阴云密布，看什么都不顺眼，像T恤衫上印着的：别理我，烦着呢！生活中有很多时候令我们心情不好。面对高考落榜，面对失恋，面对解释不清的误会，我们的确不易很快地超脱。但是人有自我安慰心理，更多的时候是“多云转晴”，忧郁被生气勃勃的憧憬所取代。烦些什么？你的敌人就是你自己，战胜不了自己，没法不失败；想不开、钻死胡同，全是自己所为。

我们看清了自己，再来看生活，也许多了几分宽容在里面，生活本身，并不是可以实现所有幻想的万花筒，生活和我们是相互选择的，不该过分计较生活的失言，生活本来就没有承诺过什么。它所给予的，并不总是你应当得到的，而你所能取得的，是凭你不懈的真诚和执著所能得到的。

一位德国作家兼心理医生，维克多·弗兰克，回忆自己在纳粹集中营的生活时说："人所拥有的任何东西，都可以被剥夺，唯独人性最后的自由不能被剥夺，正是这种不可剥夺的精神自由，使得生命充满意义且有目的……那一刻我所身受的一切苦难，从遥远的科学立场看来，全都变得客观起来。我就用这种办法超越自己：在困厄的处境中，我把所有的痛苦与煎熬当成前尘往事，并加以观察，这样一来，我自己以及我所受的苦难全变成我手上一项有趣的心理学研究题目了。"这种方式值得借鉴。

原谅生活是一种积极有效的方式，原谅生活，不是可以淡漠所有的不公，不是为了超脱凡世的恩怨，而是要正视生活的全面，以缓解和慰藉深深的不幸。相信生活，才能原谅生活，如果你的桅杆折断，不论是你自己的错，还是生活的错，都不该再悲哀地守着荡舟的孤独。

请重新支起新的桅杆！

原谅生活，是为了更好的生活。

42. 闻过则改

一个人的过失和错误总是不可避免的，它是客观存在的规律，重要的是要正视它，即“闻过则喜”，并且勇于改正它，即“知过则改”。此不失为精明的为人处世之道。

人们在社会生活和实践之中，每日每时都要处理许多人际交往中大大小小的事情，但是，要么由于经验不足、情势不明，要么有意无意地把事情弄成僵局，甚至招致失败，犯下这样或那样程度不同的过失和错误，害己殃人。错误和过失是客观存在的，这也是可以理解的人之常情。

对待过失和错误，正确的态度应该是像孔子所言，“过则勿惮改”(《论语·子罕》)，就是说要勇于改过。因为“过而不改，是谓过矣。”(《春秋》)可见，孔子非常重视“改过”的行为。《史记·孔子世家》说：“君子有过则谢以质，小人有过则谢以文。”意思是说，君子能认识错误，承认错误，态度诚恳；小人对自己的错误，则往往虚伪地掩饰，这就是人们常说的“文过饰非”。这种掩饰过失和错误的态度本身就是一种错误。应该看到，过失和错误对任何人都在所难免，只要知过能改，就是良好的道德品质的表现，行走于世也便容易了。

古语讲：“朝闻过而夕改之。”历史上许多明智之士或达官贵人，当他们犯了过失和错误之后，一旦觉察，就主动地认错，积极地改过，从而受到人们的尊敬和信赖。《史记·廉颇蔺相如列传》记载了战国时，赵国名将廉颇负荆请罪的故事，“负荆请罪”这一成语也家喻户晓。廉颇处世，起初缺乏全局观念，计较个人名利，意气用事，与蔺相如比职位高低，并散布闲言中伤他，这是廉颇的过失。而蔺相如识大体，顾大局，不计个人恩怨得失，甘愿忍受屈辱，不与廉颇争锋，表现了他的宽宏大量和高尚品格，深受人们的赞扬。然而，廉颇负荆请罪也同样被传为佳话。他虽有过失，但当他一旦认识了错误之后，能坚决改正，这就说明他不仅是战场上的猛将，而且是生活中的勇士。要知道，改过是需要勇气的，更何况像他这样一位名将。毫无疑问，廉颇的精神，同样值得颂扬。

从廉颇与蔺相如的故事中，可以看出，知过能改需要有两个最基本的条件：一是要“自知”，自己的所作所为经过反省之后，感到自己真是错了，而不仅仅是别人的指责。知错是一种自觉的行动，严刑之下只有屈服，却谈不上信服。二是要“虚心”，世界上许多事情，往往是当局者迷，旁观者清。当局者经过他人指出错误，反省领悟，进而改正。这多表现在古代帝王身上，他们有过失时，一些正直的大臣们敢于冒险进谏，直言不讳、阐明利害，使他们从迷惘中觉悟过来。

一个人对待过失和错误，首先要有“闻过则喜”的态度，其次是“知过则改”的决心。实践证明，“过而不改，是谓过矣”真是振聋发聩的名言，每个人都必须认真去品味，它是一剂治病救人的良药。正确的态度，应该像《呻吟语·应务》中所说的那样：

你说“是”，我便从。我不是从你，我自从“是”，何私之有？你说“不是”，我便不从。我不是不从你，我自不从“不是”，何嫌之有？

看来，这改过还要讲实事求是呢！

我们需要树立“过则勿惮改”的人生态度。可以这样说，“闻过则喜，知过则改”是一种有益于自身修养不断提高，有益于改正过失，避免今后再犯错误的美德，它体现了人的理智和胸怀，是一种不断完善自我、激励上进的处世之道。

43. 失意时要学会心宽

人生偶有失意，在所难免，一向得意容易让人忘形；为失败哀怨，对现实不满也是无用之举，一切当以心宽化解之。

古人诗云：“人生失意无南北。”俗话也说：“不如意事常八九。”如此人生岂不让人伤心透了？否。有句话——你是知道的——叫“好事多磨”。我们应该有这个信念：失意是一种磨炼的过程，心即使在冰冻三尺之下也不会凉的。有瑞雪兆丰年之说，雪愈大，年愈丰。你更不会忘记“宝剑锋从磨砺出，梅花香自苦寒来。”

“比海更宽的是天空，比天空更大的是人的心灵。”生活不论如何折磨人，如何将你压缩在一个四方的小盒子里，但思维的空间是不受限制的，心灵的视野没有藩篱，无比宽广，任你驰骋。来去自如，生命的迷人之处就在这里！

站得高，你就看得远。红橙黄绿青蓝紫，七彩人生，各色不同；酸甜苦辣咸，五种味道，各有所好；喜怒哀乐悲恐惊，七种情感，品之不尽。没有一帆风顺的人生。如果一生无挫折，未免太单调、太无趣、太乏味。“观钱塘潮者，赏其潮头也；著奇文者，一波三折也；伟人在世羡煞后生者，三起三落也！”没有坎坷不必走，没有失败的尴尬和忍辱哪来成功的喜悦？“不如意事常八九”，那就当它是横亘于面前的一块石头吧。摆正它，踩上去！也许你的视野会更开阔、心胸会更豁达！

人很善良，常常把宽容给了陌路，把温柔给了爱人，却忘了给自己留一点。有一句话很有用，叫“没什么”。对别人总要说许多“没什么”，或出于礼貌，或出于善良，或出于故作潇洒，或出于无可奈何，或是真不在意，或是别有用心。不管出于什么，谁让生活有那么多不尽如人意之处？如果你要劝解自己，也要学着这么说。缺少阳光的日子很忧郁，你要学会说“没什么”，失去朋友的生活很寂寞，你要学会说“没什么”。你已经很累了，就对自己疲惫的心灵说句“没什么”吧！这么说着，并不是让你放纵所有的过错，只是渴求自拔；也不是让你忘怀所有的遗憾，只是拒绝沉溺。自己劝慰自己才管用。

人有同情心，见别人伤心——除了敌人和仇家——自己也不会快乐，总要上前劝一劝。劝告是出于善心，言语也很有哲理，然而听的人未必都能听得进去，听进去了也未必照此行事，因为剧痛使人麻木。有位女作家说：“我不劝任何人任何事。解铃还需系铃人，自己心上的疙瘩只有自己亲自动手方可解开，朋友的话，善良人的话都只是催化剂。自己才是起决定作用的因素。”

总之，失意在所难免，权且把心放宽。

44. 学会善待自己

都市的喧嚣，红尘的烦恼，使得我们每个人都觉得生活得很累、很累。那么何不顺其自然，少一点对别人的在意而多给自己留些空间呢？

生活在现代的大都市里，尤其是现在随着时代竞争的加剧和生活节奏的飞速提高，使得我们不得不适应这一大的趋势。于是，紧张的工作、沉重的社会环境的压力，加上时间的宝贵、人与人之间关系的逐渐冷淡，人们在社会上真正的心灵沟通越来越少，老年人与青年人之间的代沟也越来越大。于是，我们当中很多人便觉得生活得很累，觉得人生似乎已失去了活着的目的而显得有些苍白和暗淡，以至于怨声载道。其实，我们对“累”可以进行具体的分析。

一种累，的确是工作太忙，休息的时间太少，以致身心疲惫而感到很累。这种累其实只需要好好休息休息，减少一点工作时间，多进行点娱乐活动和社交活动，你便不会觉得很累，工作效率也会提高。

另一种累，完全是心理上的累。这种人本来很乐观、豁达，对人非常热情，为人诚实、周到而一丝不苟，办事非常认真。稍有点过失他就有点过意不去。这种典型的完美主义者，似乎是理想主义者。为了使每件事近乎完美，他必须要比别人付出的更多，这样下去当然要比别人累。但这还不是其真正的原因。这种人往往对某种东西特别在乎，他感觉付出了很多，当然要求要有所回报，这样他的期望值就比较高。而一旦事不顺心，他的内心在期望与实际情况之强大反差下，感到一种失落，正由于此，他才觉得很累。

其实，我们每个人都希望而且也很在乎别人的回报。我们不可能一味地给予别人而不求回报，这样会引起我们心理上的极大不平衡而觉得很累。人总是带有某种期望，这是无可厚非的，但问题是人的期望越大，其失望也就越大，如果我们不会善待自己、保护自己，那么我们将生活得很累很累。

那么究竟怎样才能善待自己呢?

首先要顺其自然，不苛求自己，不给自己故意制造压力。老子曰："天法地，道法自然。"世间唯自然为正道，一件事，我们按它本来的规律去做而不扭曲它的本来面目，这样我们岂不得到一种和谐而安宁的心境？特别是那种比较热情的人，我们更应该冷静思索一下，我们的热情是否有点过分？过分的热情会使人觉得很不自然，有时候让人觉得很尴尬的，这样岂不给双方都造成了心理负担?

其次，应多给自己留些空间。人活着是为了什么呢？是为了父母？为了子女？为了朋友？都不是，是为了自己的存在而活着的。既然出生和存在是我们所无法选择的，那么我们就应该好好善待自己，多留一些空间给自己。我们可以给自己更多的时间去休息、去娱乐、去社交，使自己的身心得到健康而全面的发展，我们可以给自己更多的时间去独立思考、独立生活、独立体验自己的存在。而不是将更多的时间投入到繁琐的家务事情中，也不是将自己独立的个性依附于别人的肩膀上，这样的人为他人而生活着，不会不累的。

最后，我们应合理地向别人和社会有所索取。索取是人们生存的最起码条件，离开了索取，人们将无法生活。我们向社会索取并非没有理由，因为我们毕竟也为社会做出了很多。公平交易是世间的永恒法则，所有的正义都将根据这个法则来判断。如果我们一味地给予，那么人性是不允许的。人性决定了他的利己性、以自我为中心性。人总是期待着别人给予回报，如果得不到适当和足够的回报，人在内心深处会产生一种强烈的心理抵触情绪，而使周身紧张，造成心理不平衡。其实，每个正常人的生活前提有一条是身心健康。长期的心理不平衡，会使我们的内心冲突加剧，导致心理疾病的发生。所以我们合理索求、要求回报不是什么不道德的事情，而且为了我们生存起码的必要条件。

以律己之心律人，以宽人之心宽己。有时候，我们学会了如何宽容别人，而却忘了如何宽恕自己。毕竟，我们自己也非圣贤，我们也会像小孩一样犯下很多可笑的错误，这时对我们来说，就需要宽容自己，不要残忍地对待自己，毕竟我们还会有机会。

总之，善待自己，比善待别人更有重大的意义。我们除了学会律己、宽容别人、成全别人之外，还要学会成全自己、宽容自己，给自己更多的时间和空间，来不断发展和完善自己。这样，才会生活得充实、幸福。

45. 朋友可“多”勿“滥”

朋友多了路好走，但是滥交朋友找麻烦，故朋友可以广交不可滥交。对朋友一定要学会选择，舍得放弃。

人，不能没有朋友，没有朋友的日子是难过的。但是，芸芸众生谁为友，需要慎重选择。现如今，被称为朋友的人大街上到处都是，人们已习惯将过去称为“同志”的改成称呼“朋友”，似乎更亲切。其实“同门曰朋，同志曰友。”“同志”之称也有朋友的意思。我们所讲的交友需选择，不是这种泛泛之交的朋友，这里需要说明一下。

一个人结交什么样的朋友，对自己的思想、品德、情操、学识都会有很大的影响。俗话说：“近朱者赤，近墨者黑”，“近贤则聪，近愚则聩。”古代名人很重视对朋友的选择。孔子曰：“君子慎取友也。”品德高尚的人，历来受人推崇，也是人们愿意结交的对象。而品德低劣的人，却常常被人所鄙视，极少有人愿与之结交，当然也不排除“臭味相投”的“朋友”。实际上，每个人不管自觉或不自觉，他们交朋友总是有所选择的，他们择友总是有自己的标准。明代学者苏竣把朋友分为“畏友、密友、昵友、贼友”四类，如此划分便可明白：畏友、密友可以知心、交心，互相帮助并患难与共，是值得深交的；那些互相吹捧、酒肉不分的昵友，口是心非，当面一套，背后一套，有利则来，无利则去，还有可能乘人之危损人利已的贼友，那是无论如何也不能结交的。

都说朋友志同道合，情趣相投，这可以作为择友的一个标准，志向不同，情趣有变，友谊不可能长久，早晚要分道扬镳。“管宁割席”的典故就是个例子，管宁热衷于读书做学问，而华歆则热衷于官场名利，两人缺乏做朋友的共同思想基础，割席而坐是可以理解的。人类普遍存在着一种“趋同”的心理。有一个心理学实验说明了这个现象，心理学家让十几个素不相识的人待在一间屋里，不与外界交往，只让这些人相处。几天后发现，有共同爱好和追求者大都成了朋友，而没有共同爱好和追求者则形同路人。

选择朋友要选品德高尚、心胸宽广者为宜。古人说：“与善人居，如入芝兰之室，久而不闻其香，即与之化矣。与不善人居，如入鲍鱼之肆，久而不闻其臭，亦与之化矣。”也许你说自己“抗腐性”强，那为什么不“择善而从之”，反而自讨苦吃呢？与高尚的人在一起，你也会感染上他的气质，何乐而不为呢？

“朋友多了路好走”，朋友多——好朋友越多，我们受益越多。学无止境，学问再大的人也有不懂的东西。孔子还谦虚地说：“三人行，必有我师焉。”圣人尚且如此，我们在结交朋友时，也应尽量选择有学识的人，忘年交的存在原因也许正在于此吧。当然，对朋友也不能求全责备，因为自己本来就是不完美的，朋友又是双向的。如果人人都要求结交比自己有学问的人为友，那么到头来只能是谁也没有朋友。正所谓“尺有所短，寸有所长”，朋友相交贵在有所补益，有所予有所取才是“交往”。

古人的交友择友之道，我们可以借鉴，但不能照抄照搬，也不要为其所拘束。择友的标准各有不同，也应该从个人实际出发，慎重选择，所以朋友可广交，不可滥交。

46. 善从师，而不强为人师

宁拜人为吾师，而不强行为人师。为我师者，敬之；强为人师者，贬之。

孔子曰：“三人行，必有我师焉。”这句话说得非常有道理，人毕竟各有所长，智慧和经验阅历各有不同，人品及道德也会有优劣之区别，社会成就及事业都有高低之分。因此每个人都应在合适的范围内，寻找能弥补自己弱点及不足的老师，以给自己的智慧更大的启发，这样对自己的不断成长，对事业的早日成功都是有很大价值的。毕竟，每个人从启蒙老师开始，都已拜了很多老师，当然从广义上说，只要能帮自己的忙，能使自我有进步者都可称为老师。

那么我们为什么要不断拜人为师呢？因为我们需要成长，需要不断发挥自我的潜能，去实现自我价值，而老师的经验及智慧又是我们尽可能赶超别人，尽快实现自我的捷径。

但是，在人生之中，强为人师、好为人师却并不是一件好事。在这里好为人师我们指的是一些人放不下架子，而喜欢当别人的老师、喜欢指指点点而无所顾忌，喜欢指责别人的过失及错误，不顾具体的实际情况而大谈自己当年的经验，一说起话来就是："想当年，我怎么怎么……"拿自己的经验吓唬人，其实，真正心服口服他的人却很少，甚至没有。因为这种人实际上犯了一个极大的错误。

尤其在日常工作和生活中，也许我们常常是出于友善、出于热心，而特意给别人更多的指点和帮忙，但我们得到的回报却是冷漠甚至讥讽。人们总是认为你的好为人师，本来就是对他的智慧及能力的一种否定，他才偏偏不会按你的指点去干工作，甚至他还会认为你是在和他一起抢功劳。总之，他是不会领你的情，这也会令人产生很大的失落感和不满。这又何苦呢？你不去这样做不就得了吗？

如果你在特定的情况下非好为人师不可，我还是建议你应注意以下几个方面：

注意你和你建议对象间的关系。除非是建立在平等基础之上，而且关系颇为密切的知己朋友，其他一般的朋友或同事最好不要这样直接教导或建议对方。因为只有你俩关系密切，他才不会把你当成外人，才有可能认为你是为他的好才这样做的，才有可能听从你的建议，否则，一般关系的人总会建立起他的自我保护机制而与你抗衡，使你的教导和建议成为空谈。

注意你的身份及社会地位。如果你是长辈或享有德高望重的社会地位，那么你的建议或教导便会很有分量，其他的人也会考虑到若自己不听会招致什么样的严重后果，他会慎重考虑而行事。如果你不是某方面的权威也没有崇高的社会地位，这时候就不要发言，万一对方听不进去，他还会以秽语辱没你的身份，冷嘲热讽你的人格甚至日后有些小人还会打击报复等等。例如，在等级森严的公司里，职员最好不要找经理或老板的毛病，要绝对服从上司的计划，否则你的处境将是很危险的，万一被印上一个“欺上”的坏印象，将是很难再有所改变的。

注意你建议的内容。其内容可以是工作方面的，也可以是生活方面、处世方面的，但千万不要涉及对方的隐私方面。因为拥有个人隐私已被看成个人权力的高级形式，尽管中国人以前不是很注意这方面的问题，但近年来，由于随着个性解放的发展，隐私观念已深入人心。

注意你的建议的方式及当时的情景因素。你尽量要委婉含蓄，不要直来直去，因为直语更易伤人，用比喻的方法或委婉的规劝则给人以尊敬的感觉，要动之以情晓之以理，循循善诱。注意当时的环境，不要在大庭广众之下提出建议或批评，要选择一个时机，最好是两个人坐下来，私下交流意见，这样会更好。

总而言之，最好去拜人为师，而欲为人师时谨记“人微言轻”，没有一定的身份和地位最好谨慎行之。

47. 聚散都是缘，路要自己走

随缘而来，随缘而去，聚散乃人生常态，有缘成为同路人，到站各自奔东西。

人生处处布满驿站，一挥手，便成别离。

人生像划船，一降生，你便上了家庭的这条船，父母兄弟由不得你挑选；长大了，学校又是一条船，同学们互相帮助，朝同一目标努力；毕业好似船靠岸，你有你的理想，他有他的打算，我有我的观念，尽管友情难舍仍免不了道声“再见”，以便各自选择喜欢的其他船，就这样一直划下去。

其实，人生的路要每个人自己去走，谁也代替不了谁，正像这“路”字，一半是“足”，意思是要脚踏实地，一半是“各”，代表各人有各人的走向，有所往，有所返，有所聚，有所离，有所予，有所求，全在这路上。不舍与伤别是始终不能改变的，但是有些是变了的。随着年少的远去，知道长相忆比长相聚更为可贵，学习不是虚度光阴和情感。这样，作别之时，没必要把气氛装点得很悲壮，“海内存知己，天涯若比邻”，就让我们潇洒的挥别，留取彼此的美丽，放在心里。

人说贾宝玉多情，“多情自古伤别离，所以喜聚不喜散”。林黛玉深情，不喜相聚，她的理由是聚时欢乐，散后尤其冷清，所以，不如不聚。要想不聚，正如人生一世无悲无喜，恐怕不够深刻，何况，谈何容易?

路还是要自己走，聚散且随缘吧!

48. 悲观也是福

乐观的人往往忽视潜在的危机，因得意而忘形。而悲观的人却常常能考虑到事情最坏的结局，因知足而常乐。

“塞翁失马，焉知非福。”这已经是深为人知的一条道理。古人说：“福兮祸所伏，祸兮福所倚。”也就是说的这个意思。

如若抛开悲观主义者和乐观主义者在字的褒贬涵义上的区别不谈的话，我倒觉得，这些悲观主义者过的日子，比起那些乐观主义者要高明多了。为什么这么说呢？在通常的情况下，喜听好消息，排斥坏消息是所有人共有的心态。可是天下不如意事，常十有八九。对于乐观主义者来说，十件事中倒有八九件是事与愿违的。而对于一个悲观者来说，十件事中倒有一件是意料之外的好事。从这一点来看，悲观主义者的生活要比乐观主义者快乐得多。

乐观主义者从不会想到会灾难临头，而悲观主义者却时时都在想。

某人住在乡下，离城有几里路，心里觉得早晚家里会失火，烧得精光。他常常揣想火是怎样着起来的：烟囱的火星可能使屋顶着火，电线可能走火……一旦失火，该怎么办呢？是拔腿就跑？还是现在就做好防火准备？

事有不幸，一个早晨，他家的房子果然失火了。他临危不乱，一举一动皆有条不紊。他打电话通知消防队，接上花园浇花的水龙头，一边等消防车，一边自己救火。对此，他家里的人至今还津津乐道。乐观主义者绝不会这样准备有素，说不定还会站在那里发呆呢。

乐观的人往往是忽视潜在的危机，因得意而忘形。而悲观的人却常常能考虑到事情最坏的结局，因知足而常乐。

49. 行事不可一味纵容

与人相处，拥有美德固然受人夸，一旦你稍有不慎，不能以你的美德给人以好处时，别人就会暗暗怪你，你活得多累。

看过三毛小说的人都知道，三毛到美国留学，是带着东方女性的美德与一群杂色人种共处一个宿舍。三毛初来乍到，为了能早日融入这个集体，每天都早早起床，坚持扫地清理“寝务”，西洋女也真散漫得可以，回到寝室，衣服鞋袜乱放乱扔，每天起床，被子掀在一边，黑的红的在脸上抹了一遍便扬长而去，于是三毛便成了西洋人的“女佣”，一段时间将寝室收拾得井井有条，“碧眼高鼻”们看着一室整洁也都着实称赞不已。

可是有一次三毛病了，一身疲惫也懒得整理清扫。一群西洋女轻歌曼舞回来，看到房间纷乱的样子，于是纷纷指责起三毛来。

“我凭什么要为你们收拾房间？”三毛一下子火了，她哭叫着撕扯着东西，乱扔着一些整齐的物件，“我也是来上学的，不是你们的佣人，我为你们付出那么多，就是应该吗？你们为什么不能动手自己整理？”

一群“碧眼高鼻”呆了……

是的，三毛凭什么要为她们收拾房间，三毛带着东方女性的美德，付出了那么多的辛苦汗水，使得她们适应了娇惯，一旦再没有为她们收拾，就内心不平衡。这帮西洋女真够懒且自私的。

人是一个容易思维定势、行为定势的怪物。人，对于别人给予的恩赐和付出一开始会感到不安和感动，但久而久之，习惯成自然，他会莫名其妙地形成潜在依托感——“你能任劳任怨地干着这些琐碎的家务，看来你是应该这么做的，这是你的责任。”人性的行为惯性纵容这些“寄生虫们”心安理得，三毛不明其中道理，当然大为委屈了。

行事不可纵容，“美德”要懂得放弃，是有其深刻的人性哲理的。

溺爱子女，不应一味地纵容和对他事事包揽。关爱中要严加管教，使他按着正当的轨道成长发展；关爱中要教会孩子自己照顾自己，使他能够掌握自立自强的本领。父母爱护子女的“美德”不可盲目坚持，否则只会误了子女，害了自己。于是孟母三迁，岳母刺字，孺子方始发愤图强，功名遂成。

敬重上司，不能一味地诺诺附和、盲目奉从。敬重中要据理明断，上司不是神，他也有出错的地方，帮助上司纠正错误以明大义也是自己的责任；敬重中要思量权衡，多行忠谏为上司分忧，盲目忠诚的“美德”不可坚持，否则就会误了大事，丧失了自己。于是邹忌鼓琴，魏征忠谏，君王方得从善如流，国家遂兴。

“美德”要懂得放弃，那么我们如何既发扬美德又避免形成惯性的负面行为定式呢?

试着间断性做你的美德行为，中间隔断期的混乱会使他人感受到你付出的可贵。于是美德虽不常坚持，但可长久保持，你的友爱之心便会时有所报了。

50. 不战而胜，上兵伐谋

不战而屈人之兵，善之善者也。

俗话说“商场如战场”，的确商场里的竞争可以比得上一场无硝烟的战争，而人生何尝不是如此呢？用战场来形容人生一点也不为过，人生不会是一帆风顺的，它随时可能有急流、有险滩、有恶浪。人与人之间的竞争是现实的，也是残酷的。人就是这样，有时为了一点小小的蝇头小利会反目成仇，会明争暗斗，会你死我活地去争斗、去拼命。然而，毕竟，每个人的力量是有所差异的。争斗的结果只能是一部分人失败而另一部分人获胜，胜者为王，败者则为寇。王者，毕竟是少数，败者则是绝对的多数。实力弱的也许根本就不该与强者去争斗，唯一的办法是寻找新的出路——不战而胜。

不战而胜是一种用兵的战略。站在这个高度来认识战争则可以尽量减少自己在战争中的损失，尽可能较顺利地、较早地实现自己的战略目标。在人类社会中也是如此，人与人之间的争斗，首先要靠各自的实力，毕竟实力是基础，但光有实力还是不够的。一个人的实力再强，他也不可能经受住无数敌人的消耗，这样下去岂不是终究有一天会自取灭亡？最好的办法就是避实击虚，能尽量不战就不战，如果实在要战，请必须把下面问题搞清楚：

首先是敌我双方的实力，究竟是我方占有优越的条件，还是对方较有优势？我方的强处何在，弱点何在？如何保持我们的强处而击败对方的弱点？

其次，战争的各种后果如何？我方的代价有多大？可能的收益又是多大？究竟是否该靠武力来解决？

最后，若不诉诸于武力，而靠和平手段来解决，其成本又是多大？收益又是如何？

总之，诉诸一场战争也是万不得已的。一定要仔细衡量双方的实力及战争的可能结果，进行谨慎的选择、决策。在这里最高的战略原则仍是不战而胜，以最小的代价取得最大的收益。这时，也许有人提出反驳说："不战怎么能见胜败？"的确，在竞技场上，必须"战"后才可能知道你的成败如何，而人类社会却和竞技场上有所不同。社会上的竞争并非如此简单，个人实力固然重要，但它复杂得多，它无时无刻不在进行，没有规则，只有结果，没有裁判，只有观众，这更是一场时间之战，耐力之战，也是命运之战，智慧之战，甚至是人性之战，一次的胜利并不能保证永远的胜利，而且表面上的胜利并不能说明什么问题。强者看来可以主宰一切，可是也不必然能打胜仗，而弱者似乎注定被宰割，但在某些状况下也不必然被宰割。人性丛林里就是这样无一定规则，因此，在进行战争前最好是量力而行，力争不战。

所谓"不战"，就是尽量避免双方直接交锋。当然，这里不排除使用谋略。谋略是一种智慧，使用得当，即会获得很好的结果。"不战"并不意味着消极的逃跑和无原则的主张求和，而是在不诉诸武力的情况下，以自己的切身利益为出发点，力图尽量扩大自己的利益而不是去损害之。

不战的良策是为胜而准备的，为了取得大胜或战略上的胜利，我们有必要舍弃小胜或暂时的败退，这都是允许的。不战不是一种沉默，而是一种积极的准备，为了更好的时机的到来。为了战略上的取胜之道，我们必须积蓄力量，壮大自己，当自己的力量能足以影响到周围空间时，我们再发出战的口号，到那时我们的威慑力一定会使我们不战而胜的！

这一点，对弱者尤为重要。

51. 谁笑在最后，谁笑得最甜

为了最后的胜利，任何屈辱都是可以忍受的。而不能忍一时之屈辱者，往往事业不能进行到底。毕竟谁笑在最后，谁笑得最甜。

人在奋斗的过程中总要吃苦头，而最后的笑声才是最甜的，最后的成功才是决定意义的成功，起初的成就和痛苦只不过都是为后来而设的基石。

很多比赛往往是先胜而后败，结果落得个一无所有。连最初的一点小胜也白搭了。

人性丛林中的竞争过程很重要，但结果更为重要，因为甚至可以说结果决定了你的过程，结果一无所有，那么你的过程也毫无意义可言。结果是成功的，你的过程才有存在的价值和意义。比如，有人少年得志，在商场上先是如鱼得水而大赚，后来却大赔，最终穷困潦倒而一无所有，那么众人会怎么评价他呢?

因此，争取“做最后的胜利者”才是我们在社会中追求的最高战略目标。为了达到这个战略目标，以下几点是应该注意的:

首先，不要过于看重某一次胜利。如果能取胜尽量取胜，因为胜利可以增强我们的自信心和提高士气；如果这个胜利的意义不是很大，跟取得“最后的胜利”相冲突或无关系，且又消耗体力、脑力，那么我们完全可以放弃这个胜利。

其次，也不要过于看重某一次失败。一次小小的失败若对“最终的胜利”并没有太重要的影响，那就让它去失败吧。

再次，要站在战略的高度，时刻认识现在是处于什么阶段，该如何去实施战术。要对战局有一个清醒的认识，而不是眉毛胡子一把抓，稀里糊涂，甚至当“最后的决战”到来时仍不知道，这样势必就会贻误了战机而归于失败。

最后，要保住每次的作战成果。因为，只有每次一点一滴地积累战果，才能将自己的实力壮大而作最后的决战。人有一个通病就是好战，一旦取得了一次胜利，便试图梅开二度。万一下次失败怎么办呢？所以必须仔细衡量，以保住目前战果为佳。人的一生也是这样，“最后阶段”的胜利也是由人生不同阶段积累而来的。前半生失败，到了老年再去争取胜利，还有力气吗?

但愿你为了“最后的胜利”而能忍一时的屈辱，那时你笑在最后，你将笑得最甜!

52. 忘记就是舍得放弃

记性不好的人，永远觉得生活清新而有趣。

忘记其实和记忆一样，是心灵的活动。除非我们忘却一大堆，否则不能记忆。说实在话，人们所忘记的都是所记得的。要想起忘记了什么，和要想起记得些什么同样伤脑筋。伟大作家所知的几乎永远仅只应付当前目标所需，没有累赘。日常的小事常沉入心底，以“忘记”的形式存在、积淀，偶然像沙粒在蚌壳内形成珍珠，赫然重现，这样，平凡成了新奇，无趣变得有趣，这就是忘却的魅力。

记忆力特强的人，你希望他提出意见，他却会引述一段长篇大论。他们总把知识存放在橱窗里，而其他地方却一无所有。而与此相反，健忘的人总是奇峰突起。他不能提出更多陈旧无聊的事实，却可以分析评论提供有见地的意见。在发掘思想的过程中，他们从不向后寻找，而乐于向前开拓。对于一个记得住每件事的人，经过几百年，天堂也会变得索然无味。而对一个健忘的人来说，即使是平凡的生活也永远是块乐土，有机会重新结交旧时相识，重新体验儿时趣事或重温无数旧书，生活该有多么美好！

世上往往有许多事情，智者索性避开，因他无力改变，而回想起来又会使他痛心疾首那些邪恶、悲惨及愚蠢的事。我们这个时代，通常把这种回避视为怯懦，但是，涉世老手的信念是，勇气存在于全力以赴的艰辛之中，同样也存在于安详和沉着之内。适时脱下盔甲的人，更有精力迎战殊死的搏斗。“忘记”能促使每个人筑起可以不受滋扰的心灵堡垒，借以获得心智自主。经过回忆作用所选择、安排和美化的个人往事，正是这种退隐的最佳去处。

人人都曾有过被痛苦的回忆所缠绕而不能自拔的经验，何不让我们把这些不美好的回忆摒之千里，代之以自我陶醉的梦想和对新生活的不断体验与历练呢？

健忘是使您更加快乐的秘诀，适用于任何人，何妨一试？

53. 选择利用你的逆向思维

成功的契机，往往在于思维的悖逆。

北宋政治家司马光小时候机智过人。有一天他和几位小朋友在花园里玩，一个小朋友不小心掉进了一个大水缸，孩子们一时都慌乱了起来。有的大喊："来人啊，救命啊！"有的拼命想把落水的小伙伴拉出来，司马光急中生智，拿起一块石头，将水缸砸破，水流走了，那位小朋友也得救了。

我们不难看出，孩子掉下水缸后，大多数孩子是按常规思维救人的，即"使人离开水"；而司马光取的是超常思维，即"使水离开人"。

实际上，我们与其说是"超常思维"，不如说是"逆向思维"来得更贴切些。也正是凭着"逆向思维"，司马光才得以化险境为安全，其事迹也成为千古流传的教育精品。

显然，逆向思维明显的特点就是不按常规办事，不循规蹈矩，显示与众不同的独特性，善于从不同角度去思考问题，思维在一个方向受阻时，马上改换新的方向，而那个"新的方向"往往正是常规思维的"死角"。因为常规思维往往表现出一种定势，墨守成规，按常规办事，往往只有一个思维角度，一个常规方向。

这显然是两种旗帜鲜明的对立，然而，逆向思维往往只有当它被诉诸语言文字时，才会受到人们的关注，而且通常是，离开语言文字回到真实的生活中时，便又很快把它给忘了。现实生活就像一台庞大的消化机器，逆向思维一放进去，就容易被消融得一干二净。

常规思维有着那么强大的力量，作为一种“定势”、一种“常规”，其本身就证实了它的历史悠久，根深蒂固。它绝非只是个体的问题，而往往与整个民族，与整个社会的文化传统息息相关。那些常规定势，往往正是世代传统的沉淀，而这，也正是其具有强大力量的根源，正因为这强大的社会历史后盾，使得它的地位坚固得难以轻易动摇。

而我们仔细探寻那些世代相传的纽带时，便发觉教育是其中最重要的传送工具。所以，我们这些经过教育与社会磨炼的大人才会不时惊奇于孩子的睿智，并由此便以为自己又发现了一个天才。而事实上，又有多少孩子成人后能继续以其神奇的智慧而著称于世?

可笑的是，司马光这一被公认为思维奇特的孩子，长大后，却成为历史上有名的保守派，极力反对王安石的变法，其反差之大，着实让人惊奇。而曹操的小儿子曹冲，小时候虽令人称奇的将那头大笨象的体重给称了出来，然而长大后，却也再无传奇作为。

所谓的超常、逆向思维，在孩子步向成熟时，却反而神不知鬼不觉地消失了。这不能不说是一个“悲剧”。

不要为我们的社会辩护，我们并没有对社会谴责什么。作为一个社会，它无法不拥有一系列的秩序规范，而这，便是“常规”的社会基础，便是所谓的“框框”。而我们的“逆向思维”便是要在这严密的框框中寻找立足之地。无疑，这是一件难度极大的工作，若不是刻意追求，我们难脱“常规”之手掌心。

所以，具有“逆向思维”的人往往就会在社会中有所成就、有所名声。但这种人在社会中却又寥寥无几，因而其轶事便易于为人们所传说。

伦琴发现伦琴射线后，收到一封信，写信者说他胸中残留着一颗子弹，须用射线治疗。他要求伦琴寄一些伦琴射线和一份怎样使用伦琴射线的说明书给他。

我们注意到：伦琴射线是无法寄的，这不仅是无知，而且带戏谑成分，求人帮忙，却不庄重，居然开玩笑。换作常人，实在应该好好教训他一顿，阐述一下道理。但伦琴却回信道："请你把你的胸腔寄来吧。"以谬还谬，显然比怒斥一通效果好得多。他不为不敬重的来信而感情用事，这是一种受辱不惊的超常感情，而正是这种感情，才使他作出了不同一般的应对办法。

逆向思维就像天空绚烂的彩虹，无论它在什么时候、什么地方出现，引起的都是人们发自内心的赞叹与向往。

而当今，逆向思维早已成为社会各界推崇的对象，尤其是在当今最热门的工商业界，更是备受关注。经济学家和管理者口中的所谓利润来源、创新，实际上便是对逆向思维的一种诉求。创新要求人们把握住别人所忽略的机会，它不同于发明。通俗一点，它只是对一些现存的东西加以利用，而这些现存东西的价值通常是无法为常规思维所察觉的。所以，人们对企业家的最首要的要求，便是能创新。因为，创新便是利润，而对企业家本身而言，创新便是成功。

所以，逆向思维无论在日常生活还是在竞争激烈的工商界，都有着其独特而巨大的价值。启发自己的逆向思维，无疑是一个迈向成功的法宝。

54. 细心体验，用心生活

珍惜生命的每一刻，把握每一个契机，审慎地判断，用心地体验，生命必得丰收。

生活中其实没有太多的意外，因为每一件事的发生都深藏着意义，一草一木都有来头。冥冥之中始终存在着一股神秘而微妙的力量，紧紧环扣住你的现在和未来。这条看似陌生的道路，时时有冲击，不断有挑战，让你成长。当你细细体验生活时，就能怡然自得，品尝它的酸甜。只要不因渐行渐远而迷失大方向，仍然坚持着你的信念，继续努力走下去，不论个人的目标是否清晰，都要认真活过每一分、每一秒。

用心生活的前提，必须是时常拥有追求目标的自觉性。细心体味生活，时时检视走过的路，小心掌握各种经验所传达的讯息，聆听冥冥之中的暗语。从小到大，都有人告诉我们要活得好。“好”来自于对自己和别人的一种自信和体贴。生活中的各种经验，不论是自我探索或是与他人交往，都会赋予生命不同的光彩。所以过“好”生活就要时时刻刻全力以赴向大目标冲刺，把它当做生活最高指令。人说“胸中有了大目标，千斤重担不弯腰”。朝着目标奋斗前进，生活将变得多彩多姿。“大目标”可以是理想、志向的代名词，志向应立得远大，这样使奋斗有余地。在大志向下面还可以细分出若干个目标，像里程碑一样，一个个树立在未来的路上。

在生活中，确切地说，我们都不是在真空中生活，在有目标的生活中，必然也必须时常接触他人，面对自我。在竭尽所能去达成生活目标的同时，还要适时地接受新知识、新观念的洗礼，除旧布新，不断充实和完善自我。过着有目标的生活并不意味着事事顺心；相反，你可能会遇到许多问题。但是每一次的挑战与挫折，都是值得记取的经验教训。如果能以开放的心情接受，会使生活的触角更加延伸，生命的视野因而拓展，朝着目标大步前进。

如果你能放弃原地踏步的念头，继续追求，不断成长，用心去生活，有一天你会突然发现，原来你已经不知不觉达到了原定的目标，生活之路上多了一个个胜利的花环。

55. 天公不作美，人自寻找之

不是缺少美，而是缺少发现。当上天不作美时，人只好去发现、去创造它。

美丽的涵义不是单一的，因为人们的观点和愿望各有不同。

你真正细心观察过哺育我们的大自然吗？如果走近自然，你将发现，每一片天空都飘着自己的彩云，每一片田野都展现自己的绿色，每一朵小花都吐露自己的芬芳。

我说，美丽就在你的身边，有爱的地方就有美丽的画面。在那里，你会看见孩子们可爱的笑脸、劳动者辛勤工作的汗水、情侣手挽手散步的悠闲，还有节日焰火的灿烂和一家人团团圆圆坐在一起谈笑聊天的热闹。

可是你还是高兴不起来，你说，湖光山色很美，自己却是只丑小鸭，白天鹅只是个美丽的梦。说的时候，你一副饱经沧桑的样子，好像很成熟。也许，你觉得自己长得不漂亮，是女娲娘娘漫不经心用泥捏出来的孩子，于是你一直很懊丧地待在灰暗的角落，怕见阳光；也许你叹息自己没有伶俐的口齿和智慧的双手，无法创造美丽的事物，表达美丽的情感。你觉得什么都不如别人，觉得自己一无是处，觉得美丽与已无缘，觉得自己再也没有进取的希望了。

那么，你错了。

“不是缺少美，而是缺少发现。”同样，你并不缺少美丽的一瞬，也不缺少美丽的长久，你所缺少的，只是给自己一个机会，去寻找你的美丽。应当相信，每一个人都有属于自己的一片天空，每一个人都有属于自己的一种色彩、一种美丽。有自信心的样子，就是一道美丽的风景。天公不作美，你就要去创造、去发现。

眼睛的悲哀常常是看到别人却看不见自己。你的美丽没有失落，而是没有确切被发现。不知从何时起，你把自己拘在一个小圈子里，看圈中这个人这点儿比你强，那个人那点儿比你优秀，可殊不知，也许你所羡慕的那个人也正羡慕你有这样的慧眼和洞察一切的心灵呢！也许你只知懊悔自己乌黑的颜色，却不知自己便是宝贵的煤炭；也许你只知抱怨自己是株无名的小草，却没有发现自己正点缀着春日的大地；也许你只看到一条歪歪扭扭的来路，却从未察觉那弯弯曲曲的大道中也有你闪光的足迹！

把眼光放高放远一点儿，外面的世界和未来的路更值得你去思考，去琢磨，去发现。

56. 用你的慧眼去择善

猫头鹰活得很好，因为它常常睁一只眼、闭一只眼，睁一只眼为的是洞察周围，闭一只眼是巧妙的省略和包容。

金无足存，人无完人。且睁一眼、闭一眼，择善而从，不善且包容或弃之。辩证法认为世界是一个矛盾的统一体，既然是矛盾，就有好有坏，有善有恶，有优有劣，有苦有甜，不同的判断体现不同的价值观，矛盾双方又是相互依存、相互制约的。人们向往完美，有完美便有不完美，因为不完美才会向往完美。但是向往追求的事物未必都能实现，或许正因为遥不可及才更有诱惑力，人还是要在现实中生活的。于是只好将眼睛一睁一闭，反而更加心明眼亮。

一个人要赢得友谊，就要多看到对方的优点和长处。比如某人事业心强，工作成绩突出，但生活处世能力差，那么就择其长处学习，这样你会和对方和睦相处。相反，要求对方什么都好，什么都顺你的眼，那么最终是你失去友谊，吓跑了朋友。

闭一只眼看朋友。比如说，某人曾经冒犯过你，或做了对不起你的事，如果他已经认识了，你不妨闭一只眼，让昨天的误会与冲突随着岁月而流逝，这不是无缘无故的宽恕和放纵，而是一种风度，同时，让对方被你的胸襟和大度折服。

每个人在生活中总会遇到挫折，从挫折中经受考验，从幼稚走向成熟，从认识弱点走向克服弱点，那么，我们完全没有必要把别人的过去洞察得一清二楚，你只要认为对方是一个真诚的人——或对你很真诚的人，即使他有某些与你格格不入的东西，你也不必大加追究。世界上本来就没有完美无缺的人，如果你睁大眼看对方，总可以发现对方有许多弱点或缺点，拿尺子去量人，尺寸总会有差距。

睁一只眼，即是多看对方的长处；闭一只眼，即是少看对方的弱点。唯有如此，才能永远保持处世的乐趣。

请用你的慧眼去择善，而后从之；遇不善，“闭”而不见省了麻烦，如果有勇气，见不善则改之，那就更好了。

57. 过而不改，是为过矣

知错就改是一种聪明的做法，强辩和死不认错会把事情弄得更糟。古人云：“过而不改，是为过矣。”正是明智的见解。

当我们是对的时候，我们要温和而巧妙的去得到人们对我们的认同，当我们是错的时候——先别惊慌地掩饰它，纸是包不住火的——我们要迅速而真诚地承认我们有错误。这种方法不只能产生惊人的结果，而且在某种情况下，比为自己辩护更为有意义。

“人非圣贤，孰能无过？”我们从小就被教育：“有错就改才是好孩子。”犯错误的原因归纳起来有这么几条：年龄和客观条件所限造成知识的不足，能力有限，行为违背客观规律；初入社会，见识短浅，经验不足，加上莽撞与冲动，感情用事，错误易出；在经历了大风浪之后，不小心因一时的欲望和邪念而动心，在阴沟里翻船；小错不断，知错不改，终成大错。

如果你不是记性太糟糕，犯了错转脸就忘的话，常出错不是缺点。“吃一堑，长一智”，挫折能使意志得到锻炼，使人变聪明。因为错在某件事上而吃了亏，下一次碰到类似的事情，就不会效仿上一次的“笨”法子，即便这一次不是最聪明的办法，却比上一次的要高明，如此这般不断改进，方能应付自如，较他人棋高一筹。

在犯了错误的当时——且不问犯错的原因——人们会采取不同的态度和处理方法。有的人明明是他的错，却紧咬牙关，“我错了”三个字是怎么也挤不出牙缝，也许他出于虚荣心、好面子或其他什么原因；也有的人“口才好”，好强辩，无理也要搅三分。如果拿以上两种办法来对待你的顶头上司的批评，对付警察的盘问，或者对待一个同样死不认错者，情况就不会像你想象的那样——死不认错，蒙混过关，结果往往使自己处于被动的境地。

在一些鸡毛蒜皮的小事上，我们更不必计较太多。有一则相声叫《纠纷》，简言之，故事是这样的：雨后，马路上积了很多泥水，这时正值上班高峰期。故事的两位主人公一个骑车赶着去买药，一个忙着赶路去上班。由于人车拥挤，买药的人没留神，从上班的人身边擦过去，弄脏了他的鞋和裤腿，继续向前骑；上班的人怒了，一把抓住买药的人要他赔钱和轧伤脚的医药费，言语过激，买药的人听得不入耳，火气一上来，两人开始争辩，最后吵到派出所。民警没有立即调解，而是让二人到另一间小屋里等候。两人静静地坐下来，心平气和之后才清醒地回想事情的经过。“买药的”开了腔：“这事最初是我不对，你的脚还疼吗？”“上班的”面有愧色说：“不打紧，在这儿待了半天也活动开了。其实当初你要客气客气，也就用不着来这里给民警添麻烦了。”“我是想道歉来着，可是当时你又是什么态度？你的话也相当不客气呀。”“你得原谅我年轻嘛！”

两人走出小屋，向民警说明了事情的来龙去脉，欢喜地走出了派出所。临别时，一个问另一个："怎么样，兄弟，还生我的气吗？""哪儿的话，不打不成交，有空上我那儿玩去！"纠纷就此化解。

假如我们知道自己势必要受责备，先发制人，自己责备自己，巧妙而委婉地陈述事实，你自我批评的诚恳和急切度将使对方的愤怒和争斗性被消灭，也许他还会帮你开脱。这种方法的明智之处还表现在使你处于主动地位，在对方有机会说话以前，将他的批评转成你的自我批评。这时，你是在听自我批评，不是比忍受别人口中的斥责容易了许多吗？而且人都有自卫的心理，自我批评也是出于为自身利益着想，故而言语之中少了诽谤，态度显得诚恳。

出了错就应迅速主动地承认，死不认错才是错上加错的笨法子，难道不是吗？

58. 别让猜疑折磨自己

无端猜疑，于事无补；疑心太重，害己殃人。

有这样一则故事："宋有富人，天雨墙坏。其子曰：'不筑，必将有盗。'其邻人之父亦云。暮而果大亡其财，其家甚智其子，而疑邻人之父。"(《韩非子·说难》)这就是众所周知的"智子疑邻"的故事。由此看出，猜疑使友善被曲解为恶意，扭曲了事情的本来面目。

猜疑，就是无中生有地起疑心，对人对事不放心、加小心。有了猜疑之心，对待朋友，看待事物，就不能从客观实际出发，进行合乎逻辑的判断、推理，而是凭借一点表面现象，主观臆断，随意夸大，进而扭曲事物，得出一个不切实际的结论。或者先入为主，先设框框，然后察言观色，甚至无中生有，把幻觉当真，把一些毫无关系的现象也当做事实材料，生拉硬拽来当做证据。猜疑使人际交往中本来小小的疙瘩发展成长期的不和。自古以来不知有多少人因为猜疑而疏远了朋友，中断了友谊，甚至断送江山。

猜疑使人失去公正的态度，正像上面引用的“智子疑邻”的故事，同样是忠诚的劝告，富人对儿子称赞，因为亲近，忠告便显得聪明；对邻人之父非亲非故，结果“信而被疑，忠而被谤”，显然失去公正的态度。

猜疑危及国家安全，历史告诉我们，君臣相互猜疑则天下就会动乱。三国时期的诸葛亮，一向被认为精明能干，但也有一定偏颇之处，就是过于明察，反生疑人之心，对人不信任，大事小事无不亲自过问，出将入相，茕茕孑立。诸葛亮对受降之将魏延始终用而不信，怀疑他有反叛之心，致使军事上失去“股肱”之助。诸葛亮死后，又发生魏延的冤案，蜀汉元气大伤，造成“蜀中无大将，廖化作先锋”的不利局面。

猜疑又是自己折磨自己。杯弓蛇影的典故就是很好的例证。弓影投映在盛酒的杯中，好像小蛇在游动，饮者以为真的把“蛇”吞下去了，越想越恶心，结果害得自己重病一场。这才是天下本无事，庸人自扰之。疑心太重，到头来自讨苦吃。

信人者不疑人，疑人者不信人。对别人无端地猜疑，貌似无端，实在有端，猜疑源于偏狭的私心。“以小人之心，度君子之腹”。疑心太重的人，总怕别人争夺自己的所爱、所求、所得，怕别人损害自己的利益，终日疑神疑鬼，顾虑重重。古人曰：“善疑人者，人亦疑之，善防人者，人亦防之。”你对别人不放心，别人能对你坚信不疑吗？虽说防人之心不可无，但是时时提防，处处疑心，还会有知心朋友吗？

猜疑之心形成，是由于不够深入了解和不够信任造成的。信任是人与人之间沟通的桥梁，猜疑是通向友谊和友爱的障碍。要消除猜疑，杜绝疑虑，可以从三方面努力：

（1）排除私心杂念。私欲作怪，患得患失，怕他人争取权财，势必疑虑重重，难展宏图。

（2）实事求是，弄清事实真相。社会上对人对事褒贬不一，谗言讹语，搅得你真假难辨好坏不分，我们应该一切从实际出发，不要听风就是雨。

（3）经常沟通，增进了解。俗话说，友谊靠热情来浇灌，感情靠联络来维系。朋友之交，实际上就是思想、感情、信息的交流。朋友之间来往多了、联系强了，相互了解也就加深了。没有言语和行动上的沟通，何以见得志同道合、心心相印？交朋友须交心，交心必须真诚坦白、推心置腹，你对人说三分话，怎能乞求别人全抛一片心给你。老抱着“天可度，地可量，唯有人心不可防”的旧皇历，就会失去知心朋友。

“疑行无名，疑事无功”，猜疑是一块为人处世的绊脚石，赶快将它踢开去！

59. 金钱之外的财富

金钱的放弃让你接受教训，心魔的放弃让你得到解脱。

一对青年男女步入了婚姻的殿堂，甜蜜的爱情高潮过去之后，他们开始面对日益艰难的生计。妻子整天为缺少财富而忧郁不乐，他们需要很多很多的钱，1万，10万，最好有100万。有了钱才能买房子，买家具家电，才能吃好的穿好的……可是他们的钱太少了，少得只够维持最基本的日常开支。

她的丈夫却是个很乐观的人。丈夫不断寻找机会开导妻子。

有一天，他们去医院看望一个朋友。朋友说，他的病是累出来的，常常为了挣钱不吃饭不睡觉。

回到家里，丈夫就问妻子："下次如给你钱，但同时让你跟他一样躺在医院里，你要不要？"妻子想了想，说："不要。"

过了几天，他们去郊外散步。他们经过的路边有一幢漂亮的别墅。从别墅里走出来一对白发苍苍的老者。丈夫又问妻子："假如现在就让你住上这样的别墅，同时变得跟他们一样老，你愿意不愿意？"妻子不假思索地回答："我才不愿意呢。"

他们所在的城市破获了一起重大团伙抢劫案，这个团伙的主犯抢劫现钞超过100万，被法院判处死刑。

罪犯被押赴刑场的那一天，丈夫对妻子说："假如给你100万，让你马上去死，你干不干？"

妻子生气了："你胡说什么呀？给我一座金山我也不干！"

丈夫笑了："这就对了。你看，我们原来是这么富有：我们拥有生命，拥有青春和健康，这些财富已经超过了100万，我们还有靠劳动创造财富的双手，你还愁什么呢？"妻子把丈夫的话细细地咀嚼品味了一番，也变得快乐起来。

人的财富不仅仅是钱财，它的内涵很丰富。钱财之外还有很多很多，还有比钱财更重要的。可惜，世间有很多人看不到这一点，许多烦恼由此而生。他们难与幸福结缘，却常常要和不幸结伴同行。

60. 钻石就在你的脚下

人往往容易舍近求远，将眼前最好的东西轻易放弃，而最终结果是什么也得不到。

印度流传着一位生活殷实的农夫阿利·哈费特的故事。

一天，一位老者拜访阿利·哈费特，这么说道："倘若您能得到拇指大的钻石，就能买下附近全部的土地；倘若您能得到钻石矿，还能够让自己的儿子坐上王位。"

钻石的价值深深地印在了阿利·哈费特的心里。从此，他对什么都不感到满足了。

那天晚上，他彻夜未眠。第二天一早，他便叫起那位老者，请他指教在哪里能够找到钻石。老者想打消他那些念头，但无奈阿利·哈费特听不进去，执迷不悟，仍死皮赖脸地缠着，最后老者只好告诉他："您到很高很高的山里寻找淌着白沙的河。倘若能够找到，白沙里一定埋着钻石。"

于是，阿利·哈费特变卖了自己所有的地产，让家人寄宿在街坊家里，自己出去寻找钻石。但他走啊走，始终没有找到要找的宝藏。他非常失望，在西班牙投海死了。

可是，上天似乎跟他开了一个很大的玩笑。

一天，买了阿利·哈费特的房子的人，把骆驼牵进后院，想让骆驼喝水。后院有条小河。他发现河沙中有块发着奇光的东西，立即挖了出来，带回家，放在炉架上。

过了些时候，那位老者又来拜访这家人，进门就发现炉架上那块闪着光的石头，不由得奔跑上前。

“这是钻石！”他惊奇地嚷道，“阿利·哈费特回来了！”

“不！阿利·哈费特还没有回来。这块石头是我在后院小河里发现的。”新房主答道。

“不！您在骗我。”老者不相信，“我走进这房间，就知道这是钻石啊！别看我有些唠唠叨叨，但我还是认得出这是块真正的钻石！”

于是，两人跑出房间，到那条小河边挖掘起来，接着便露出了比第一块更有光泽的石头，而且接着又从这块土地上挖掘出许多钻石。

事实不正是如此吗？在生活中我们常常会舍近求远，到别处去寻找自己身边有的东西。而往往机遇就在我们的脚边，在我们的心里。

61. 另类成本

知识对人生起着关键作用，选择无知有时会使我们花去更大的生命成本，而有知则会给我们带来丰富的人生。

老师给学生出了一道小题目：某人廉价购进一批质地优良的汗衫，去阿拉伯沙漠地区出售，问这趟买卖大约包含哪几项成本？同学们随口应答：本金、运费、房屋租赁费、食宿费等。

老师微笑着，似乎还在期待着什么。同学们窃窃私语，互相商讨着，又勉强列出几种“成本”：税金、意外损耗等等。

老师说话了：诸位谁见过阿拉伯人穿着汗衫到处跑的？别以为热的地方，人们就一定得穿汗衫。

同学们恍然大悟：那就滞销啦，卖不掉！

老师：所以，最大的成本你们没有说，那就是无知。

这使我想起一则小故事：

美国某企业一台重要机器出了故障，遍查也找不着真正原因。最后，请来某著名工程师解难。一小时后，他在电机的铜线圈上画了道线，说：除去一圈铜线就行了。试后果然不错！业主问工程师需要多少酬金。他说："10000美元。"业主吃惊道："画道线就值10000美元吗？"他笑道："不。画道线只值1美元；而知道在何处画，值9999美元。"从成本会计的角度看，工程师最后一句话似乎可以修改为：画一道线的成本是1美元，知道在何处画线的成本是9999美元。

62. 人生的加法与减法

人生即哲学，很多人悟不透该放就放的道理。

有时，人生需要加法，追求名利、追求知识、追求成功、追求富贵这都没有错。但有时也需要减法，远离名利、看淡成败、安于淡泊。

人生需要减法，即要学会选择，要舍得放弃。

减法人生使人更能清醒科学地悟透人生的内涵，合理安排人生的进退取舍，有所为、有所不为，使人生不至于走向极端，从而使人生更充满活力、更健康，更有利于社会，进而使人生更有意义。

实践人生减法可使人生免灾，这样的例子实在不少。

范蠡、文种帮越王勾践复国雪耻灭了吴国，范蠡功成身退，做买卖去了。他曾劝文种离开，可文种还是迷恋于功名，不听范蠡之言，不舍得放弃，最后被勾践所杀。古代官场黑暗，人人自危，功成身退，只是寻求自保而已，不足为训。但“不贪为宝”这话却是至理名言。不贪包括不贪权、不贪财、不贪色等。纵观当今一些步入人生险滩的贪官们，大多贪权、贪财、贪色，机关算尽太聪明，反误了卿卿性命。

人生即哲学，可许多人无法悟透其中的道理。凡事都有一个度和量，过分追求本不该属于自己的东西，往往会适得其反，失去自己原本拥有的东西。该得则得，该放就放，一张一弛乃人生一大智慧。

63. 狼比狗聪明的原因

要想活得好，你就要学会居安思危。

在河边，一只狼要带好几只小狼过河，以我们粗浅的经验，它一定会一只一只地叨过去。但事实并非如此。老狼会咬死一只动物，把动物的胃吹足气，然后再用牙咬住蒂处，做成一只鼓鼓囊囊的皮筏，借着这生命的皮筏，全家渡河。

在动物界，狼是一种非常聪明的动物，如果让单个狗与单个的狼搏斗，败北的肯定是狗。虽然狗与狼是近亲，它们的体型也难分伯仲，但为什么败北的总是狗呢？有人曾就这问题仔细地对狗与狼进行研究。结果发现，经人类长期豢养的狗，因为不需面临生存的危机，它的脑容量大大小于狼，而生长在野外的狼，为了生存，它们的大脑被很好地开发，不但非常有创造性，而且有着异乎寻常的生存智慧。

事物的法则，永远是用进废退。这是颠扑不破的真理。动物如此，人类又何尝不是这样。一个人，要想在异常激烈的社会竞争中不被淘汰，还是有一点生存危机的好，这样，我们就可以未雨绸缪，主动出击，多一点生存的技能与智慧。

64. 我很重要

任何时候都不要看轻了自己。在关键时刻，你敢说“我很重要”吗？试着说出来，你的人生也许会由此揭开新的一页。

二战后受经济危机的影响，日本失业人数陡增，工厂效益也很不景气。一家濒临倒闭的食品公司为了起死回生，决定裁员三分之一。

有三种人名列其中：一种是清洁工，一种是司机，一种是无任何技术的仓管人员。这三种人加起来有30多名。经理找他们谈话，说明了裁员意图。清洁工说：“我们很重要，如果没有我们打扫卫生，没有清洁优美、健康有序的工作环境，你们怎么能全身心投入工作？”司机说：“我们很重要，这么多产品没有司机怎么能迅速运往市场？”仓管人员说：“我们很重要，战争刚刚过去，许多人挣扎在饥饿线上，如果没有我们，这些食品岂不要被流浪街头的乞丐偷光！”经理觉得他们说的话都很有道理，权衡再三决定不裁员，重新制定了管理策略。最后，经理在厂门口悬挂了一块大匾，上面写着：“我很重要。”

从此，每天当职工们来上班，第一眼看到的便是“我很重要”这四个字。不管一线职工还是白领阶层，都认为领导很重视他们，因此工作也很卖命，这句话调动了全体职工的积极性，几年后公司迅速崛起，成为日本有名的公司之一。

65. 选择好自己的生活方式

你的成功与否，决定着你所选择的生活方式。

某电视台记者采访贫困山区的小羊倌：

“你放羊干什么？”

“攒钱。”

“攒钱干什么。”

“娶媳妇。”

“娶媳妇干什么？”

“生娃。”

“生娃干什么。”

“放羊。”

看着羊倌一脸茫然的表情，不由得让人的心一下子悲哀起来。羊倌的可悲不在于他的穷困，不在于他从事的职业，更不在于他攒钱的方式，而在他正陷入一种麻木的生存状况之中而不觉。

其实，只要细心地观察一下四周，你就会发现，在都市的角角落落，确实生活着生命力很旺盛的乡下人，在高高的脚手架下、在酒店、在商场、在快餐店、在书摊……他们从事着或复杂或简单的工作，以乡下人的勤劳与质朴，以乡下人顽强的生存能力，挤进了钢筋水泥混凝土构筑的城堡，开拓一块哪怕是极小的天地，并且有滋有味地活着；而那些一生下来就有了城市户口的城里人，在失去了铁饭碗之后，却连一条求生存的路也找不到，比起进军都市的乡下人，一些城里人已经输了、并且输得很惨。

即使我们拥有骄人的文凭，拥有城里的户口、住房，面对下岗或分流，我们唯有不断拓展生存空间，谋求适合自己的发展方式，不断地刷新自己，创新未来，才有可能处变不惊，才可以在繁华褪尽后重新镀亮人生。

信息时代的浪潮无疑要叩击每一扇门，原先的享受哲学正面临重创。敢于直面未来挑战，把曾经的成功或荣誉放到身后，一切从头开始，才能立于时代的潮头。

人类的进步与否，不取决于拥有多少财富，倒是取决于人类是否具有发展观念，当你正津津乐道于已经拥有车子房子票子的时候，千万别忘了，你也许还是一位“羊倌”！

66. 盯住一只羊不放

既然选择了一个目标，就不要让这个目标轻易地失去。

对于那些浅尝辄止，见异思迁的朋友，非洲猎豹的做法不失为一个榜样。

非洲的马拉河两岸青草嫩肥，草丛中一群群羚羊在那儿美美的觅食。一只非洲豹隐藏在远远的草丛中，竖起耳朵四面巡视。它觉察到了羚羊群的存在。然后悄悄地、轻手轻脚地，低头哈腰，慢慢地接近羊群。越来越近了，突然羚羊有所察觉，开始四散逃跑。非洲豹像百米运动员那样，瞬时爆发，如箭一般地冲向羚羊群。它的眼睛盯着一只未成年的羚羊，一直向它追去。羚羊跑得飞快，但非洲豹更快。在追与逃的过程中，非洲豹超过了一头又一头站在旁边观望的羚羊，但它没有掉头改追这些更近的猎物，而是一个劲地直朝着那头未成年的羚羊疯狂地追。那只羚羊已经跑累了，非洲豹也累了，在累与累的较量中比最后的速度和坚持力。终于，非洲豹的前爪搭上了羚羊的屁股，羚羊绊倒了，豹牙直朝羚羊的脖颈咬了下去，一动也不动喘着粗气。

可以说，一切肉食动物都知道在出击之前要隐藏自己，而在选择追击目标时，总是选那些未成年的或老弱的，或落了单的猎物。在追击过程中，非洲豹为什么不改追其他更近的羊呢？因为它已很累了，而那些强壮的羊一旦起跑，也有百米冲刺的爆发力，一瞬间就会把已经跑了百米的豹子甩在后边，拉开距离。如果丢下那只跑累了的羊，改追一头体力好的羊，以自己之累去追不累，最后一定是一只也追不着。

动物世界的这种普遍现象，也许是一种代代相传的本能。但它启发人类仿效，在一切追逐目标的过程中，都要借鉴这种智慧。

67. 放下人情包袱

让朋友欠个人情并不是件太难的事，同样，你也可能欠下朋友的人情。

人情是必须回报的，但是，如何回报，何时回报，回报的代价是多大，却从来没有什么定规。如果你欠了小情，却还了大的，岂不吃亏？如果你欠久了，难以还，成了负担，岂不糟糕？所以，你既要学会“做人情”，又要努力使自己避免欠下朋友的人情。

朋友之间来来往往，送点礼物，都挺正常，带有明显功利目的的朋友，是可以看得出来的。今人与古人不同，今人的生活节奏已提高许多，请朋友办事的速度也大大提升。假如一个并不经常见面的朋友，却在一天忽然登门，你可千万别奇怪。或者常见面的好友，带的礼物超乎平时的贵重，你也要心里有数。

朋友请你办事的第二种手段，就是请你吃饭，东西送到门，你不能不给面子，吃饭却得预约，这就让你有许多理由去推脱掉，但脑袋要转得快些，托辞讲得委婉些。

脑袋转得快些，知道对方是谁，要弄清关系网，搞清朋友圈，然后，再想想该接受还是推掉。

避免人情债，要有自知之明。

自己应该是最了解自己的，能吃几碗饭，能干多少事。然而，中国人的面子害死人，有的人就爱打肿脸充胖子，知道办不成，还硬往自己身上揽。

68. 打破超凡脱俗的英雄主义

要实现理想，没有选择就不会有结果；要实现理想，不舍得放弃就不会有过程。

理想是生命的动力，但一旦人们过分执著于它就会变成一种生命的桎梏，你的生命也必将因此而倍感沉重，最后在不断失望的重负中萎顿、死亡。切记“平凡的即是伟大的”这样一句格言。一切伟大的事物都是在“平凡”的积累过程中诞生的。

有一天，一个国王独自到花园里散步，使他万分诧异的是，花园里所有的花草树木都枯萎了，园中一片荒凉。后来国王了解到，橡树由于没有松树那么高大挺拔，因此轻生厌世死了；松树又因自己不能像葡萄那样结出许多果实，也嫉妒而死；葡萄呢？则哀叹自己终日匍匐在架子上，不能直立，不能像桃树那样开出美丽可爱的花朵，于是也死了；牵牛花也病倒了，因为它叹息自己没有紫丁香那样芬芳；其余的花草树木等植物也都是因为自己的平凡而垂头丧气，没精打采，只有顶细小的心安草在茂盛地生长。

国王看了看这根渺小得几乎不能再渺小，平凡得几乎不能再平凡的心安草问道：“小小的心安草啊，别的植物全都枯萎了，为什么你这小草却这么勇敢乐观，毫不沮丧呢？”

小草回答说：“国王啊，我一点也不灰心失望，因为我知道，如果国王您想要一株榕树或者一株松柏、一些葡萄、一颗桃树、一株牵牛花、一棵紫丁香什么的您就会叫园丁把它们种上，而我知道你希望于我的是要我做小小的安心草。”

也许你会认为，甘心作一棵“无人知道的小草”的想法过于消极。有些聪明能干、有远大抱负的年轻人总是瞧不起那些平凡过日子的人。他们认为这些人“没出息”、“微不足道”、“活得没意思”，而且发现自己奋斗失败、无所作为时，面对和常人一样平淡无奇的生活时，他们就会觉得生活无聊透了，因而生出了无尽的烦恼。

其实平凡中有时候也含有一些伟大的道理。或者说是因为平凡所以伟大。荀子的思想中，有这么一句话，大意是：没有大烦恼与灾祸的日子，就是天大的幸福。而古希腊的大哲人伊壁鸠鲁说得更经典：“幸福，就是身体的无痛苦和灵魂的无纷扰。”

第二章

名人的心情料理

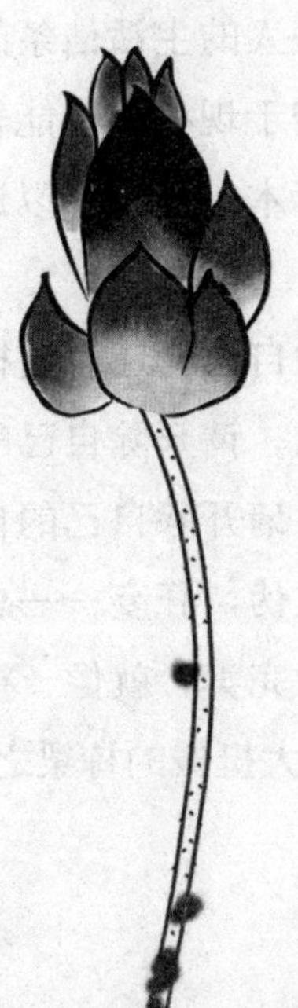

1. 要舍得开除自己

把自己从相对安逸的环境中开除出去，再开除自己身上的缺点，那么，你离成功的彼岸，肯定会越来越近。不管怎么说，开除自己，就是给自己提供压力的同时，也提供了更多的希望与机遇。

有一个人，在不到十年的时间里，竟多次选择开除自己。第一次是在1993年，也就是大学毕业两年后，他离开了工作单位宁波市电信局。第二次选择开除自己，是在外企，缘于他想创办一家网络服务公司。最终，他创办了网络公司并一举成名。也许，你已经猜出来了，他就是搜狐公司总裁张朝阳。用张朝阳自己的话说就是："选择开除自己，才能成功。"

当"知足常乐"成为一些人的生活信条的时候，"选择开除自己"，就显得很有震撼力。确实，安于现状，也能暂时得到一些世俗的幸福，但随之而来的，可能是懒散与麻木。甚至可以这样说：选择开除自己，是对智力与勇气的挑战。

若从字面上说，选择开除自己，还有这样一层意思：如果你是个见了毛毛虫也要打哆嗦的人，那么，请开除自己的懦弱；倘若你不是一个毫不利人、专门利己的人，那么，请开除自己的自私……同样道理，我们还可以开除自己的浅薄、浮躁、虚伪、狂妄——总之，你尽可能地开除自己的缺点好了，使自己不断地趋于完美，就像一棵不断修枝剪蔓的树，唯一的目标，就是为了日后做一棵高大挺拔的栋梁之材。

2. 爱拼才会赢

什么东西，能鼓舞着一个人屡败屡起，终于夺得最后的胜利？是积极的心态。

世界游泳冠军摩拉里的成长过程，就是一个积极心态助人成长的过程。早在少不更事守着电视看奥运比赛的年纪，他的心中就充满了梦想，梦想着即将到来的鏖战时刻。

1984年的洛杉矶奥运会前夕，摩拉里已经有幸跻身于最优秀的参赛运动员之列。令人遗憾的是，在赛场上，他发挥欠佳，只获得一枚银牌，与冠军擦肩而过。他没有灰心丧气，而是把目标瞄准了1988年的韩国汉城奥运会。

这一次，他的梦想在奥运预选赛上就告破灭，他被淘汰了，跟大多数受挫情况下人们的反应一样，他变得沮丧，把体育的梦想深埋心中，有3年的时间，他很少游泳，那成了他心中永远的痛。

在摩拉里的心中，自始至终有股燃烧的烈焰，没法完全把它扑灭，离1992年夏季奥运会还不到一年的时间了，他决定再次来个孤注一掷。在属于年轻人的游泳赛事中，30多岁的人就算是高龄了，摩拉里久已脱离体育运动，再去百米蝶泳的比赛中与那些优秀的选手们拼搏，简直就像是拿着枪矛戳风车的堂吉诃德一样的自不量力。

在预赛中，他的成绩比世界纪录慢一秒多，因此，在决赛中他必须付出更多的努力，他努力地为自己增压打气。在游泳池中，他的速度果然是不可思议的快，超过其他的竞赛者而一路遥遥领先，他不仅夺得了冠军，还破了世界纪录。

一个人的内心中蕴藏着无穷无尽的力量，若是自甘埋没，对身边的一切事情都作低调处理——以为这是我不热衷的，那是我不擅长的——为了避免失败和遇挫的尴尬，有意识地放弃一些难得的机会，虽然表面上看来最大限度地保全了面子，但事实上却是在最大限度地埋没自己的才能。只有敢于挺身而出，对任何的挫折和磨难都不在乎，心中所有的意念只浓缩到一点——我要争强竞胜，我要发挥出我全部的力量和智慧。唯有在这种心态的导引下，才能屡败而屡战，屡战而屡强。

3. 困难可以磨炼意志

所有非凡的成就或伟大的壮举，都非一朝一夕之功，更不是上天的赐予或额外垂顾，而是经历了炼狱般的磨难和艰辛方才取得的。

德国的歌德，一生著述颇丰，24岁就以书信体小说《少年维特的烦恼》风靡整个西欧。

但他却说了句让人钦敬不已的话："不要羡慕我取得的那一点成绩，告诉你们吧，我只不过比你们多作了些思考罢了。这些年来，我每天都像在推着石头上山，日子对我来说从来就没有轻松过。"上山已是不易，要是再推着石头，其难可想而知。

这么说来，在我们喝着咖啡、啜着香茗的时候，勤奋的歌德已经端坐桌旁，开始同他生活的这个世界进行对话了；也可以说，他在走路、吃饭、乃至于上厕所的间隙，都没有像我们一样“无动于衷”，而是将身边所见的点滴摄入了他无时不在思索的脑海之中。

一个人年轻时要是取得了歌德那样显赫的成就，或许早已枕着它为自己赚来的丰厚资本悠然生活了，而他，却偏偏要“推上一车石头”，去攀登更高的山头。

4. 有梦就有希望

信念就是这样一支火把，它能最大限度地燃烧一个人的潜能，指引他飞向梦想的天空。

多年前，一位穷苦的牧羊人领着两个年幼的儿子以替别人放羊来维持生计。一天，他们赶着羊来到一个山坡，这时，一群大雁鸣叫着从他们的头顶飞过，并很快消失在远处。牧羊人的小儿子问他的父亲：“大雁要往哪里飞？”“它们要去一个温暖的地方，在那里安家，度过寒冷的冬天。”牧羊人说。他的大儿子眨着眼睛羡慕地说：“要是我们也能像大雁一样飞起来就好了，那我就要飞得比大雁还要高，去天堂，看妈妈是不是在那里。”小儿子也对父亲说：“做个会飞的大雁多好啊！那样就不用放羊了，可以飞到自己想去的地方。”

牧羊人沉默了一下，然后对两个儿子说：“只要你们想，你们也能飞起来。”两个儿子试了试，并没有飞起来。他们用怀疑的眼神看着父亲。

牧羊人说，让我飞给你们看，于是他飞了两下，也没飞起来。牧羊人肯定地说：“我是因为年纪大了才飞不起来，你们还小，只要不断努力，就一定能飞起来，去想去的地方。”儿子们牢牢记住了父亲的话，并一直不断地努力，等他们长大以后果然飞起来了，他们发明了飞机，他们就是美国的莱特兄弟。

5. 下一次就是你

阳光的温暖不会放弃任何一个微弱的生命！

有一个女孩对足球十分痴迷，一个偶然的机会，她被父亲送到了体校学踢足球。

在体校，女孩并不是一个很出色的球员，因为此前她并没有受过规范的训练，踢球的动作、感觉都比不上先入校的队友。女孩上场训练踢球时常常受到队友们的奚落，说她是“野路子”球员，女孩为此情绪一度很低落。每个队员踢足球的目标就是进职业队打上主力。这时，职业队也经常去体校挑选后备力量，每次选人，女孩都卖力地踢球，然而终场哨响，女孩总是没有被选中，而她的队友已经有不少陆续进了职业队，没被选中的也有人悄悄离队。于是，平时训练最刻苦认真的女孩便去找一直对她赞赏有加的教练，教练总是很委婉地说：“名额不够，下一次就是你。”天真的女孩似乎看到了希望，树立了信心，又努力地接着练了下去。

一年之后，女孩仍没有被选上，她实在没有信心再练下去，她认为自己虽然场上意识不错，但个头太矮，又是半路出家，再加上每次选人时，她都迫切希望被选中，因此上场后就显得紧张，导致平时训练水平发挥不出来。她为自己在足球道路上黯淡的前程感到迷茫，就有了离开体校放弃踢球生涯的打算。

这天，她没有参加训练，而是告诉教练说："看来我不适合踢足球了，我想读书，想考大学。"教练见女孩去意已决，默默地看着她，什么也没说。然而，第二天女孩却收到了职业队的录取通知书。她激动不已地立马前去报到。其实，她骨子里还是喜欢踢足球。女孩这次很高兴地跑去找教练了，她发现教练的眼中同她一样闪烁着喜悦的光芒。教练这次说："孩子，以前我总说下一次就是你，其实那句话不是真的，我是不想打击你而告诉你说你的球艺还不精，我是希望你一直努力下去啊！"女孩一下子什么都明白了。

在职业队受到良好系统实战训练后女孩充满信心，她很快便脱颖而出。她就是获得20世纪世界最佳女子足球运动员的我国球星孙雯。

后来，孙雯讲述这段往事时，感慨地说："一个人在人生低谷中徘徊，感觉自己支持不下去的时候，其实就是黎明的前夜；只要你坚持一下，再坚持一下，前面肯定是一道亮丽的彩虹。"

"下一次就是你"，不仅给了人希望，还隐含了我们在某些方面还有缺陷，仍需努力付出，只要不断充实、完善自己，时刻准备着，在逆境中绝不放弃，再坚持一下，那么，下一次见到彩虹的可能就是你。

6. 智慧是长盛之本

生意场上，无论买卖大小并非靠尔虞我诈就能成功，关键在于你的智慧，这才是长盛之本。做人同样，聪慧的人永远是赢家。

越战期间，美国好莱坞举行过一次募捐晚会，由于当时的反战情绪比较强烈，募捐晚会以一美元的收获而收场，创下好莱坞的一个吉尼斯纪录。不过，在这次晚会上，一个叫卡塞尔的小伙子却一举成名，他是苏富比拍卖行的拍卖师，那一美元是他用智慧募集到的。

当时他让大家在晚会上选一位最漂亮的姑娘，然后由他来拍卖这位姑娘的一个吻，最后他募到了难得的一美元。当好莱坞把这一美元寄往越南前线的时候，美国的各大报纸都进行了报道。

人们看到这一消息，无不惊叹于卡塞尔对战争的嘲讽。然而德国的某一猎头公司却发现了这位天才，他们认为卡塞尔是棵摇钱树，谁能运用他的头脑，必将财源滚滚。于是，这家公司建议日渐衰萎的奥格斯堡啤酒厂重金聘他为顾问。

1972年，卡塞尔移居德国，受聘于奥格斯堡啤酒厂。他果然不负众望，在那里异想天开地开发了美容啤酒和浴用啤酒，从而使奥格斯堡啤酒厂一夜之间成为全世界销量最大的啤酒厂。

1990年，卡塞尔以德国政府顾问的身份主持拆除柏林墙，这一次，他使柏林墙的每一块砖都以收藏品的形式进入了世界上200多万个家庭和公司，创造了城墙砖售价的世界之最。

1998年，卡塞尔返回美国，他下飞机的时候，美国大西洋赌城——拉斯维加斯正上演一出拳击喜剧，泰森咬掉了霍利菲尔德的一块耳朵。出人意料的是，第二天，欧洲和美国的许多超市竟然出现了“霍氏耳朵”巧克力，其生产厂家是卡塞尔所属的特尔尼公司。这一次，卡塞尔虽因霍利菲尔德的起诉输掉了盈利额的百分之八十，然而，他天才的商业洞察力却给他赢来年薪3000万美元的身价。

新世纪到来的那一天，卡塞尔应休斯敦大学校长曼海姆的邀请，回母校做创业方面的演讲。在这次演讲会上，一个学生当众向他提了这么一个问题：“卡塞尔先生，您能在我单腿站立的时间里，把您创业的精髓告诉我吗？”那位学生正准备抬起一只脚，卡塞尔就已答复完毕：“生意场上，无论买卖大小，出卖的都是智慧。”

这次，他赢得的不仅是掌声，还有一个荣誉博士的头衔。

7. 钱只是符号而已

钱不是万能的，但没钱是万万不能的，我们选择富足，但很多时候也要舍得放弃金钱。

四川新希望集团董事长刘永好先生在荣登“《福布斯》2001年中国内地100名富豪”榜首之后，对上海的记者感叹道：当一个人拥有10万元时，他对于财富的渴求最为强烈；当他口袋里装有1000万元时，他的感觉就是

“要什么有什么”；当他的财富增加到10亿元时，他会感觉到口袋里只有1亿元，其他9亿元似乎已经与他无关。他坦言，再多的钱，在他眼里也只是“符号”而已。

刘永好先生是爽快人，他的这番“答记者问”很诚恳，看不出扭捏作态的样子。但是，如果这话是出自一个每月只拿300元基本生活费的下岗职工，或者一个只拿400元最低工资的普通市民之口，某些人恐怕就要感到很不理解了。

他们认为普通人对财富的感觉应该更“近在眼前”一些。刘永好先生与他的兄弟们分享着几十亿元人民币的财富，再多的钱在他眼里都只是“符号”，但凭着他当初一步一个脚印艰苦创业的经历，以及他对财富的独到理解，对于下岗职工和机关事业单位的普通工作人员为了每月能多拿几十百把块钱而欢呼雀跃，我想他应该不会觉得是在小题大做吧。

有钱的感觉是什么？富兰克林有过一句听起来有点像“废话”的名言：“有钱的好处无非是有钱花”。而在刘永好看来，“财富对于我个人已经失去了意义，现在积累财富就意味着对社会的贡献。”他说的其实和富兰克林的名言是一个道理，即一个人只有把自己的钱“花”掉，他的钱才算有“用”，他只有把自己的财富和社会发生某种关系，比如投资、消费、捐赠、馈赠或继承，他的财富才能发挥其应有的作用。别以为只有挣钱辛苦，有时那些有钱人花钱也很辛苦。

在我们这个星球上，有的人整天忙得像陀螺，却只能勉强养家糊口，有的人身家亿万，则想着怎样把手中的钱花出去更有意义。

据说世界首富比尔·盖茨创造财富的速度，比一个人一天24小时不停地弯腰，每次都从地上捡起一张100美元的钞票还要快。

什么样的人什么样的“命”，有多大的“命”挣多大的钱，挣多大的钱就会有多大的“有钱的感觉”。这是现实，但“富翁大款，宁有种乎”，要相信命运绝不会一成不变。大家都加油吧！

8. 不赌为赢

博弈人生，是智者的人生；而博彩人生，则是赌徒的人生。同为一个“博”字，细细选择，则差在千里之外、天壤之间。

靠10元港币起家，如今已是亿万富豪的澳门“赌王”何鸿燊在总结他毕生奋斗的人生经验时，出人意料地说：“不赌为赢”。

奇怪，“赌王”不赌，何以成为赢家?

纵观“赌王”发家史，就会悟出其中的深刻道理。

想当初，何鸿燊从香港抵达澳门时，身上仅有10元港币。但他并不是用这10元钱去赌彩撞大运，而是找了一家贸易公司落下脚跟。由于他吃苦耐劳，又善于动脑筋，很快就拉住了一批客户。股东看到他是个可用之才，便邀他入股成为合伙人。他慧眼识商机，用澳门的一些剩余物资如小汽船、发电机等运往内地，换取粮食运回港澳。当时正值兵荒马乱，港澳粮食奇缺，这一来一往，便获厚利。这种独具慧眼的易货贸易，为他以后发展打下了良好的基础。

何鸿燊的真正机会，是在20世纪60年代初，当时承包澳门赌业的一家公司合约期满，有关方面登报公开招商。何鸿燊又是慧眼看到了这个千载难逢的发展契机，于是他竭尽全力参与竞标，功夫不负有心人，他终于高于对手仅8万元的微弱优势和最小代价获澳门赌业专营权。

拿到了赌业专营权，他并未就此高枕无忧地坐收渔利，而是把赌业作为一项产业来经营。他为了广招客源，投资建立来往港澳的现代化船队，同时又投资兴建直升机场和澳门机场，吸引世界各地的游客。他提出把旅游与赌业结合，以赌业为龙头，带动全澳门的交通、酒店、饮食和旅游全面发展。他一改过去赌场中江湖人士把持的局面，在赌场各级管理人员中，重用懂现代企业管理的知识分子，使赌业由传统的带江湖色彩的行业逐渐向现代化的企业经营管理方式迈进……

不赌为赢，正是他不靠侥幸中彩而靠实干与抓住机遇起家，正是他不靠吃赌混日子而把赌业作为一项产业来发展，正是他不靠江湖义气维系赌业而引入现代管理从而让赌业发展跟上时代的步伐。这一切，都是他“不赌”的前提。

诚然，何鸿燊是以赌业成名的，他的成功，离不开赌业。但他成功的历程，是博弈(棋战)，不是博彩(赌博)。博弈，凭的是心智与实力；博彩，则靠的是瞎撞与碰运，撞不上心灰意冷，碰上了则乐迷心窍。博弈，是全局在胸的行棋，环环相扣与步步进逼，最终达到决胜的顶点；而博彩，则是系命运于股掌之中的押宝，成败于混沌懵懂之间。

9. 天才选择给自己铺路

天才之路都是用爱心铺成，这条路上有天才自己的一颗爱心。

在里约热内卢的一个贫民窟里，有一个男孩，他非常喜欢踢足球，可是又买不起，于是就踢塑料盒，踢汽水瓶，踢从垃圾箱拣来的椰子壳。他在巷口里踢，在马路上踢，在能找到的任何一片空地上踢。

有一天，当他在一个干涸的水塘里踢一只猪膀胱时，被一位足球教练看见了，他发现这男孩踢得很是那么回事，就主动提出送给他一只足球。小男孩得到足球后踢得更卖劲了，不久，他就能准确地把球踢进远处的随意摆放的一只水桶里。

圣诞节快到了，男孩的妈妈说："我们没有钱买圣诞礼物送给我们的恩人。就让我们为我们的恩人祈祷吧。"

小男孩跟妈妈祷告完毕，向妈妈要了一只铲子跑了出去，他来到教练住的别墅前的花圃里，开始挖坑。

就在他快挖好的时候，教练从别墅里走出来，问小孩子在干什么。小男孩抬起满是汗珠的脸蛋，说："教练，圣诞节快到了，我没有礼物送给您，我愿给您的圣诞树挖一个树坑。"

教练把小男孩从树坑里拉上来，说：我今天得到了世界上最好的礼物。明天你到我的训练场去吧。

三年后，这位17岁的男孩在第六届世界杯足球赛上独进6球，为巴西第一次捧回金杯，一个原来不为世人所知的名字——贝利，随之传遍世界。

10. 你手里有支笔，怕什么

人在穷困的时候，只会活出两种结果：要么就此消沉灭亡，要么激发斗志，奋勇而起。到底怎样，一切由你自己选择。看清自己的长处，找准方向，你定会走出困境。

1946年的秋天，26岁的汪曾祺从西南联大肄业后，只身来到上海，打算单枪匹马闯天下。在一间简陋的旅馆住下后，他就开始四处找工作。工作显然不好找，他便每天在胳肢窝里夹本外国小说上街。走累了，他就找条石凳，点燃一支烟，有滋有味地吸着，同时，打开夹了一路的书，细心阅读起来。有时书读得上瘾了，干脆把找工作的事抛到一边，一颗心彻底跳入文字里沐浴。

日子越拖越久，兜里的光洋越来越少；能找的熟人都找了，能尝试的路子都尝试过了。终于，有一天下午，一股海涛般的狂躁顷刻间吞噬了他！他一反往日的温文尔雅，像一头暴怒不已的狮子，拼命地吼叫。他摔碎了旅馆里的茶壶、茶杯，烧毁了写了一半的手稿和书，然后给远在北京的沈从文先生写了一封诀别信。信邮走后，他拎着一瓶老酒来到大街上。他边迷迷糊糊地喝酒，边思考一种最佳的自杀方式。他一口口对着嘴巴猛灌烧酒，内心里涌动着生不逢时的苍凉……晚上，几个相熟的朋友找到他，他已趴到街侧一隅醉昏了。

还没有从自杀情结中解脱出来的汪曾祺很快就接到了沈先生的回信。

沈先生在信中把他臭骂了一顿，沈先生说：“为了一时的困难，就这样哭哭啼啼地，甚至想到要自杀，真是没出息！你手里有一支笔，怕什么！”

沈先生在信中谈了他初到北京的遭遇。那时沈先生才刚刚二十岁，在北京举目无亲，连标点符号都不会用，就梦想着用一枝笔闯天下。但只读过小学的沈先生最终成功了，成为国内外享有盛誉的大作家。读着沈先生的信，回味着沈先生的往事和话语，汪曾祺先是如遭棒喝，后来一个人偷偷地乐了。

不久，在沈先生的推荐下，《文艺复兴》杂志发表了汪曾祺的两篇小说。后来，汪曾祺进了上海一家民办学校，当上了一名中学教师，再后来，他也和沈先生一样，成了国内外享有盛誉的作家。

11. 做别人没有做过的

做别人没做过的事情，除了自己需有过人的敏锐外，更需要一种执著与勇气，否则，你只有放弃了。

很多外国的啤酒商都发现，要想打开比利时首都布鲁塞尔的市场非常难。于是就有人向畅销比利时国内的某名牌酒厂家取经。这家叫“哈罗”的啤酒厂位于布鲁塞尔东郊，无论是厂房建筑还是车间生产设备都没有很特别的地方。但该厂的销售总监林达是轰动欧洲的策划人，由他策划的啤酒文化节曾经在欧洲多个国家盛行。当有人问林达是怎么做“哈罗”啤酒的销售时，他显得非常得意而自信。林达说，自己和哈罗啤酒的成长经历一样，从默默无闻开始到轰动半个世界。

林达刚到这个厂时是个还不满25岁的小伙子，那时候他有些发愁自己找不到对象，因为他相貌平平且又贫穷。但他看上了厂里一个很优秀的女孩，当他在情人节给她偷偷地献花时，那个女孩伤害了他，说：我不会看上一个普通得像你这样的男人。于是林达决定做些不普通的事情，但什么是不普通的事情呢？林达还没有仔细想过。

那时的哈罗啤酒厂正一年一年地减产，因为销售的不景气而没有钱在电视或者报纸上做广告，这样开始恶性循环，做销售员的林达多次建议厂长到电视台做一次演讲或者广告，都被厂长拒绝。林达决定冒险做自己“想要做的事情”，于是他贷款承包了厂里的销售工作，正当他为怎样去做一个最省钱的广告而发愁时，他徘徊到了布鲁塞尔市中心的于连广场。这天正是感恩节，虽然已是深夜了，广场上还有很多欢快的人们，广场中心撒尿的男孩铜像就是因挽救城市而闻名于世的小英雄于连。当然铜像撒出的“尿”是自来水。广场上一群调皮的孩子用自己喝空的矿泉水瓶子去接铜像里“尿”出的自来水来泼洒对方，他们的调皮启发了林达的灵感。

第二天，路过广场的人们发现于连的尿变成了色泽金黄、泡沫泛起的“哈罗”啤酒。铜像旁边的大广告牌子上写着哈罗啤酒免费品尝的字样。一传十，十传百，全市老百姓都从家里拿自己的瓶子杯子排成长队去接啤酒喝。电视台、报纸、广播电台争相报道，林达把哈罗啤酒的广告不掏一分钱就成功地做上了电视和报纸。

林达成了闻名布鲁塞尔的销售专家，这就是他的经验：做别人没有做过的事情。

12. 只有舍弃才能得到

其实有许多时候，赠予也是一种经营之道。有舍有得，只有舍弃，才能得到。“赠予”别人，其实就是“赠”给自己。

二战的硝烟刚刚散尽，以美英法为首的战胜国几经磋商，决定在美国纽约成立一个协调处理世界事务的联合国。一切准备就绪之后大家才蓦然发现，这个全球至高无上、最权威的世界性组织，竟没有自己的立足之地。

买一块地皮吧，刚刚成立的联合国机构还身无分文。让世界各国筹资吧，牌子刚刚挂起，就要向世界各国搞经济摊派，负面影响太大。况且刚刚经历了二次大战的浩劫，各国政府都财库空虚，甚至许多国家都是财政赤字居高不下，在寸金寸土的纽约筹资买下一块地皮，并不是一件容易的事情。联合国对此一筹莫展。

听到这一消息后，美国著名的家族财团洛克菲勒家族几经商议，便马上果断出资870万美元，在纽约买下一块地皮，将这块地皮无条件地赠予了这个刚刚挂牌的国际性组织——联合国。同时，洛克菲勒家族亦将毗连这块地皮的大面积地皮全部买下。

对洛克菲勒家族的这一出人意料之举，当时许多美国大财团都吃惊不已，870万美元，对于战后经济萎靡的美国和全世界，都是一笔不小的数目呀，而洛克菲勒家族却将它拱手赠出，并且什么条件也没有！这条消息传出后，美国许多财团主和地产商都纷纷嘲笑说："这简直是蠢人之举！"并纷纷断言："这样经营不要十年，著名的洛克菲勒家族财团，便会沦落为著名的洛克菲勒家族贫民集团！"

但出人意料的是，联合国大楼刚刚建成完工，毗邻它四周的地价便立刻飙升起来，相当于捐赠款数十倍、近百倍的巨额财富源源不断地涌进了洛克菲勒家族财团。这种结局，令那些曾经讥讽和嘲笑过洛克菲勒家族捐赠之举的财团和商人们目瞪口呆。

13. 不放弃"叫"的权利

契诃夫在一百年前说，大狗叫，小狗也叫，既然来到这个世界上，上帝就赋予它叫的权力。选择"叫"就是让这个世界认识自己价值的简捷途径。

黑海涛在成名以前是一位普通人，后来却成为奥地利皇家歌剧院的首席歌唱家。

黑海涛是如何取得成功的呢？这里有一个故事。

已故歌王帕瓦罗蒂到北京来那一次，顺便去了趟北京音乐学院。机会难得，当时许多有背景的人都想让这位歌王听一听自己子女的歌声。帕瓦罗蒂耐着性子听，不置可否。这时，窗外有一男生引吭高歌，唱的正是名曲《今夜无人入眠》，歌者就是从陕北山区来的学生黑海涛。他知道自己没有面见帕瓦罗蒂的背景，于是他要凭借歌声推荐自己。

听到窗外的歌声，帕瓦罗蒂说：“这个学生的声音像我。”接着他又说，“这个学生叫什么名字？我要见他！并收他做我的学生！”后来，帕瓦罗蒂亲自张罗黑海涛出国深造事宜(但终因一些因素而未拿到签证)。1998年，意大利举行世界声乐大赛，正在奥地利学习的黑海涛写信给帕瓦罗蒂。于是，帕氏亲自给意大利总统写信，终于使黑海涛成行，并在那次大赛上获得名次。

由此可见，你是千里马，但是你还得选择“叫”。如果没有黑海涛那一嗓子《今夜无人入眠》，此刻他大约会在一个中学当音乐老师。

伯乐相马是我们一个国粹式的典故。伯乐看遍了槽上拴的马，正当伯乐失望地就要走开时，这时在马厩的一角，一匹瘦骨嶙峋的马突然清亮地嘶鸣起来。“听声音我就知道这是一匹良马，虽然它是那么瘦，那么卑微，主人用拉车的标准衡量，故而嫌弃它。其实，它的抱负不在车辇与槽头呀！”伯乐说着，走过去，抱住这匹可怜的马。就是那不同凡响的一声，成就了它千里马的命运。

时代变了，观念变了，人们有理由努力地扩张自己，表现自己。当人人都能做到最好，都把自己的潜能开掘到极致的时候，也正是我们这个社会大繁荣的时候。

14. 选择一个“冤家”做搭档

选择一个“冤家”做搭档，正是为了使你更及时更深刻地发现自己的不足，从而使自己更趋完善，达到意想不到的效果。

海湾战争之后，美军提出了战争状态下士兵的“生存能力”比“作战能力”更为重要的全新理念。于是一种被称之为“埃布拉姆式”的M1A2型坦克开始陆续装备美国陆军，这种坦克的防护装甲当时是世界上最坚固的，它可以抵抗时速超过4500公里、单位破坏力超过13500公斤的打击力量，而这种打击力量用武器专家的话来说是“可以轻易地将一只球棒送上月球”。那么，M1A2型坦克这种品质优异的防护装甲是如何研制出来的呢？

乔治·巴顿中校是美国陆军最优秀的坦克防护装甲专家之一，他接受研制M1A2型坦克装甲的任务后，立即找来了一位“冤家”做搭档——毕业于麻省理工学院的著名破坏力专家迈克·舒马茨工程师。两人各带一个研究小组开始工作，所不同的是，巴顿带的是研制小组，负责研制防护装甲；迈克·舒马茨带的则是破坏小组，专门负责摧毁巴顿已研制出来的防护装甲。

刚开始的时候，舒马茨总是能轻而易举地将巴顿开进试验场地的坦克炸个稀巴烂，但随着时间的推移，巴顿一次次地更换材料，修改设计方案，终于有一天，迈克·舒马茨使尽浑身解数甚至直接将高爆炸药裹在防护装甲上引爆也未能奏效，于是，世界上最坚固的坦克在这种近乎疯狂的“破坏”与“反破坏”试验后诞生了，巴顿与迈克·舒马茨这两个技术上的“冤家”也因此而同时荣膺了国家勋章。

巴顿中校事后说：“尽可能地找出问题，是为了更好地解决问题。事实上，问题并不是最可怕的，最可怕的是不知道问题出在哪儿，于是我找了舒马茨做搭档，因为舒马茨是最棒的‘找问题专家’。”

巴顿与舒马茨的搭档的确是珠联璧合，前者的这一段经验之谈是放之四海皆适用——不管你是干大事业也好，做小买卖也罢，选择一个优秀的“冤家”做搭档，你一定会取得意想不到的绝佳效果——哪怕就是卖牛肉面，你也会成为最棒的“牛肉面大王”！

15. 危机的背后

世界上任何形式的灾难，其实都是人的灾难，一旦人的灾难被化解了，希望也便降临了。

1993年，正当经济危机在美国蔓延的时候，加利福尼亚的哈理逊纺织公司，因一场大火化为灰烬。三千名员工悲观地回到家里，等待着失业来临之时，却接到了董事会办公室的一封信：向全公司员工继续支薪一个月。

在全国上下经济一片萧条的时候，能有这样的消息传来，员工们深感意外。他们惊喜万分，纷纷打电话或写信向董事长亚伦·傅斯表示感谢。

一个月后，正当他们为下个月的生计发愁时，他们又接到董事会办公室发来的第二封信，董事长宣布，再支付全体员工薪酬一个月。三千名员工接到信后，不再是意外和惊喜，而是热泪盈眶。在失业席卷全国，人人生计无着落的时候，能得到如此照顾，谁不会感激万分呢？第二天他们纷纷涌向公司，自发地清理废墟、擦洗机器，还有一些人主动去联络被中断的货源。三个月后，哈理逊公司重新运转了起来。

对这一奇迹，当时的《基督教科学箴言报》是这样描述的：员工们使用浑身解数，日夜不懈地卖力工作，恨不得一天干二十五小时。这时，劝亚伦·傅斯领取保险公司赔款一走了之和批评他感情用事、缺乏商业精神的人开始服输。

现在，哈理逊公司已成为美国最大的纺织公司，它的分公司遍布五大洲的六十多个国家。

16. 用心去干一件事

那些具有非凡毅力、顽强意志的人，经过自己不屈不挠的执著追求，终会换来成功的喜悦，也会赢得世人的崇敬。

亨利·必克斯特恩出生在英国威斯特麦兰郡的克拜伦德尔地区，他父亲是一个外科医生。他本人最初也准备继承父业。在爱丁堡求学期间，他就以坚韧刻苦而出了名，他对医学研究专心致志，从不动摇。回到克伦拜德尔地区之后，他积极从事实践活动，但日久天长，他渐渐对这门职业失去了兴趣，对这个偏僻小镇的闭塞与落后也日益不满。

他是那么的渴望进一步提高自己，这时他已对生理学发生了兴趣，并有了自己的思考。他父亲完全赞成必克斯特恩本人的愿望，于是把他送到了剑桥大学，以使他在这个世界闻名的大学进一步深造。

但过分地用功严重地损害了他的身体。为了恢复健康，作为一个医生，他接受了一项职务——去洛德奥克斯福德当一位旅行医生。在此期间，他掌握了意大利语，并对意大利文学产生了浓厚的兴趣，对医学的兴趣远不如从前了。他打算放弃医学，回到剑桥之后，他决心攻读法学学位。他获得了当年剑桥大学数学学位考试一等及格者。他的努力程度，由此可见一斑。

毕业之后，令人遗憾的是他未能进入军界，他只得进入律师界。

但作为一名刚刚毕业的学生，他进了内殿法学协会。他像以前钻研医学一样刻苦地钻研法律。他在给他父亲的信中写到："每一个人都对我说：'你一定会成功——以你这非凡的毅力'。尽管我不明白将来会是什么样子，但有一点我敢相信：只要我用心去干一件事，我是决不会失败的。"

28岁那年，他被招聘进入律师界，虽然也曾经历一段"靠朋友们的捐赠过日子"，"连最必需的衣服、食物都已紧缩到不能再紧缩的地步"，"经济十分拮据"的日子，但他终于成了一位声名显赫的主事官，以蓝格德尔贵族的身份坐在上议院之中。

17. 千万别怀疑自己

只要你真正相信自己并投入工作，就能冲破一切困难获得成功。

著名的推销员齐格曾参加过一个由梅里尔指导的全日制培训课程。

培训结束后，梅里尔先生将齐格留下说：“你有许多能力，你可以成为一个了不起的人，甚至一个全国优胜者。我绝对相信，如果你真正投入工作，真正相信自己，你能冲破一切困难获得成功。”

说真的，齐格细细品味这些话时，他惊呆了。你必须理解齐格当时的处境，才有可能意识到这些话对他有多大的影响。他回忆道：“当我是个小男孩时，我长得很小，即使在穿得最多时也没超过120磅。我上学后，从五年级开始，放学后和周六的大部分时间都在工作，运动方面也不是很活跃。另外，我还很胆小，直到17岁才敢和女孩约会，而且还是别人指定给我的一个盲目性约会。一个从小镇中出来的小人物，希望回到小镇上一年赚上5000美元，我的自我意识仅限于此。现在却突然有一个受我尊敬的人对我说‘你能成为一个了不起的人’。”所幸的是，齐格相信了梅里尔先生，开始像一个优胜者一样思考、行动，把自己看成优胜者，于是，他真的成为优胜者了。

齐格说：“梅里尔先生并未教很多推销技巧，但那年年底，我在美国一家7000多名推销员的公司中，推销成绩列第2位。我从用普通车变成用豪华小汽车，而且有望获得提升。第二年，我成为全州报酬最高的经理之一，后来我成为全国最年轻的地区主管人。”

齐格遇到梅里尔先生后，并不是获得一系列全新的推销技巧，也不是他的智商提高了50点，只是梅里尔先生让他确信自己有获得成功的能力，并给了他目标和发挥自己能力的信心。

18. 选择对的，然后勇往直前

既然你确定了是对的，就决不能妥协。

你知道约翰·莱特福特吗？他不但是个博士，而且当过英国剑桥大学副校长。在达尔文出版《物种起源》这部名著前，他郑重指出：“天与地，在公元前4000年10月23日上午9点诞生。”

狄奥尼西斯·拉多纳博士生于1793年，曾任伦敦大学天文学教授。他的高见是：“在铁轨上高速旅行根本不可能，乘客将不能呼吸，甚至将窒息而死。”

1786年，莫扎特的歌剧《费加罗的婚礼》初演，落幕后，拿波里国王费迪南德四世，坦率地发表了感想：“莫扎特，你这个作品太吵了，音符用得太多了。”

国王不懂音乐，我们可以不苛责，但是美国波士顿的音乐评论家菲力普·海尔，于1873年表示：“贝多芬的第七交响乐，要是不设法删减，早晚会被淘汰。”

乐评家也不懂音乐，但是音乐家自己就懂音乐吗？柴可夫斯基在他1886年10月9日的日记上说：“我演奏了勃拉姆斯的作品，这家伙毫无天分，眼看这样平凡的自大狂被人尊为天才，真教我忍无可忍。”

有趣的是，乐评家亚历山大·鲁布，1881年就事先替勃拉姆斯报了仇。他在杂志上撰文表示：“柴可夫斯基一定和贝多芬一样聋了，他运气真好，可以不必听自己的作品。”

1962年，还未成名的披头士合唱团，向英国威克唱片公司毛遂自荐，但是被拒绝。公司负责人的看法是：“我不喜欢这群人的音乐，吉他合奏已经太落伍了。”

你听说过艾伦斯特·马哈吗？他曾任维也纳大学物理学教授，他说：“我不承认爱因斯坦的相对论，正如我不承认原子存在。”

爱因斯坦对以上批评并不在意，因为早在他10岁于慕尼黑念小学的时候，任课老师就对他说：“你以后不会有出息。”

就算西方文学的大宗师莎士比亚，也有被批得一无是处的时候。以日记文学闻名的法国作家雷纳尔，曾在日记中说：“第一，我未必了解莎士比亚；第二，我未必喜欢莎士比亚；第三，莎士比亚总是令我厌烦。”1906年，他又在日记中说：“只有讨厌完美的老人，才会喜欢莎士比亚。”

思想家卢梭54岁那年，即1766年，被人讽刺为：“卢梭有一点像哲学家，正如猴子有点像人类。”

戴维·克罗克特有一句很简单的座右铭：“确定你是对的，然后勇往直前。”

每一个人，无论是贩夫走卒还是英雄人物，总有遭人批评的时候。事实上，越成功的人，受到的批评就越多。只有那些什么都不做的人，才能免除别人的批评。真正的勇者就是始终秉持自己的信念，不管别人怎么说。

19. 选择以退为进

对于成功者来说，只要人生目标的大方向没变，有时候选择以退为进的策略，也不失是一种明智的选择。

我们在谈到成功之道时，更多地强调要有一种勇往直前的精神，一种积极进取的精神。但是，有时候，一味地硬冲硬打未必是一种最好的方法，以退为进也是一种人生的策略。

的确，疾风知劲草，人须有傲骨，面对险恶的局势，人应当有一种宁为玉碎不为瓦全的精神。这种不达目的誓不罢休的“视死如归”的精神我们自应认可，也是我们一直所倡导的一种精神。但是，客观世界是复杂多变的，就某个具体的事情来说，也有其“时”、“势”的问题，在某些特定的时间里、环境下，采取以退为进的方法，也是一种积极的人生策略，而并非是消极退让。

美国前总统克林顿跟莱温斯基的那场“拉链门”风波仍在我们的记忆之中。我们可以想一想，当克林顿与莱温斯基的事情东窗事发，克林顿死不承认，采取死撑着的态度，这也是一种选择。当着全世界人的面，堂堂的美国总统承认自己的丑事，这是多让人难为情的事情啊！但克林顿聪明之处就在于，他采取了一种以退为进的策略，承认了自己的错误。这么做，其实是将包袱扔给了所有的美国人：我已经承认了我自己的错误，你们有权利让我下台，你们也有权利让我继续留在总统的位子上；对一个已经承认错误的人，你们就看着办吧！

说克林顿死猪不怕开水烫也好，说他狡猾也好，但最终是他胜利了。

同样是美国总统，当年肯尼迪在竞选美国参议员的时候，他的竞选对手在最关键的时刻轻易地抓到了他的一个把柄：肯尼迪在学生时代，因为欺骗而被哈佛大学退学。这类事件在政治上的威力是巨大的，竞选对手只要充分利用这个证据，就可以使肯尼迪诚实、正直与道德的形象蒙上一层阴影，使他的政治前途黯然无光。一般人面对这类事情的反应不外是极力否认，澄清自己，但肯尼迪很爽快地承认了自己的确曾犯了一项很严重的错误，他说："我对于自己曾经做过的事情感到很抱歉。我是错的。我没有什么可以辩驳的余地。"肯尼迪这么做，等于说"我已经放弃了所有的抵抗"，而对于一个已经放弃抵抗的人，你还要跟他没完没了吗？如果对手真的继续进攻了，显得对手没有一点风度。

所以，我们应记住一个基本原则：一个人既然已经承认错误了，那么你就不能再去攻击他，再去跟他计较。无论是克林顿还是肯尼迪，他们都没有因为有过劣迹而受到过多的伤害，相反的是，他们还都将它转变为了一个优点，这从肯尼迪后来当选总统和克林顿的事情完全在互联网上披露支持率反而上升就可以得到证实。他们承认自己有过错误，他们就已经将自己人性化了：我们和平常人一样，也会犯错；同时，承认自己有罪，赢得人们的同情。而别人这时也乐得做顺水人情。

这是在被动的情况下以退为进的策略。在主动的情况下，由于彻底解决某个问题的时机没有完全成熟，也可以采用这种策略。

政治斗争如此，商界如此，甚至，在我们的平时的工作、做人的各方面都是如此。

20. 选择今天

失去了今天，你就永远不会拥有未来。

阿尔伯特·爱因斯坦毫不忌讳地在世人面前坦言："我从不去想未来，因为它来得太快了。"而中国道家宣扬"无为以求心净"，这也是有其生活依据的。所谓"无为"并非什么事都不做，而是强调不去思考未来，尽力做好眼前的事。

乔治·麦克唐纳曾说："有道是，无人曾经陷沉于每日重负之下。唯有把明天的重负加在今天的重负之上时，那个重量才超过一个人所能忍受的限度。"

亨利·华兹华新·朗费罗在诗中写道：

切勿信任将来，不论多美好。

且让已逝的过去，埋葬它的死者；

要行动——在这鲜活的"现在"行动。

良心在内，上帝在上。

未来已不再受到关注，我们的要务不是望着远方模糊的事物，而是做手边清楚的事情。一步一个脚印，踏踏实实地向未来迈去。

我们需要理想，但我们不能沉浸于理想，如果让未来占据我们的生活，我们的一生便葬送在对未来的幻想上了。

歌德说："抓紧现在的时刻。每一种情况的忍耐，每一秒钟的忍耐，都价值无限。我们像一个在一张牌上押大笔赌注的人，一直在‘现在’上押赌注，而且这不是夸张，我总是设法把赌注尽可能的押高。”

我们只需顾着那一分一秒，因为“小时”已经足够大了，它会自己照顾自己的。所以我们不再观望未来，心中只有一个信念：选择今天，把握今天，走向成功。

我们亦可以奥玛·卡亚姆的诗作为对自己的告诫：

“明日的命运，纵然你聪明，你却无法预言，也无法揣测；因此，莫虚度今天，因为它再不回来。”

21. 学会舍弃烦恼

对生命而言，烦恼微不足道；砒霜过量，就是致命毒药。

人来到这个世界，就与烦恼结上了生死之缘，不死不休。或许，人生之所以多姿多彩，绮丽曲折，或平静如湖，或汹涌如海，正是因为有了紧张，因为有了烦恼。情感犹如画家手中的画笔，将枯燥苍白的理性世界涂抹得艳丽多姿，风韵迷人。然而，这终归还是理性统治的时代，情感虽然狂野，却也只能长时间的充当理智的奴隶。这就是人们内心的等级世界。

成长到这个时代，人类早已成为理智的成人，不再幼稚地幻想成仙永生，转而追求那可能的长寿，把“永远”留给不朽的精神。人们宁愿割舍“对情感的尽情体验”，而去追逐那“压抑了的生命延伸”。而这，正是文明发展的必然方向。感受文明，我们得学会消除生命的障碍，而我们既然赋予了“烦恼”以贬义，当然它便是我们毫无疑问要清除的对象。

美国体坛老将康尼·麦克曾毫不讳言地声称：“我如果不停止烦恼，早就进棺材了。”在纷繁芜杂的社会中，在曲曲折折的人生旅途，我们难免磕磕碰碰，烦恼在所难免，伴随而来的是精神肉体的高度紧张。特别是在如今已转得疯狂的社会大转盘里，紧张与烦恼更是在所难逃，人们因而耗尽了精力，消瘦了肉体，处罚了生命。

萧伯纳说：“悲哀的秘诀，在于有余暇来烦恼你是否快乐。”在此，“余暇”实已失去其意义，成为对“悲哀”者最无情的嘲讽。放松时，恰恰就是你精神肉体上最为紧张烦恼的时刻。萧伯纳道出的，不仅仅是“烦恼”者的悲哀，他更道出了自古流传的“快乐与烦恼”的对抗。那是全人类的悲哀。而两者的对抗史，也正是人们摆脱自然奴役，创造发展人类文明的斗争史。

当我们不自量力地去描绘人类社会史上两股“力量”的对抗时，心里只有一个想法，那就是：希望通过人类斗争史，让你能透过历史，看到人们亘古不变的追求，引起思索，为自己寻找一条途径，结束烦恼与快乐的对抗。

哲学家们承认：“人”是宇宙中最难懂的事物。人类走了几百年、几千年甚至几万年，都在忙于关注着外部的世界。直至一位哲学家振臂一呼：让我们好好看看自己吧！人们才发现了自身的“存在”。

在烦恼与快乐的斗争中，人们犯下了同样的错误。直至今日，“人”在世界上获得了空前至高的地位，即便如此，烦恼仍然是人们生活的最大部分，甚至还有变本加厉的趋势，我们并不打心底地憎恨“烦恼”(相反，有些人恰能以享受“烦恼”为乐)，然而，“烦恼”往往会把一个人推到坟墓的边缘，稍加打击，便一骨碌滚了进去。

石油大王洛克菲勒在53岁时便患了神秘的消化病症，头发全掉光了，甚至连眼睫毛都一根不剩，为他写传记的约翰·温克勒说他“活像个木乃伊”。驰骋沙场，风光无限，却终日缺乏起码的安全感。他拥有大笔财富，却疲于捍卫、增长财富。忧虑烦恼使他53岁时便被判了“死刑”。

死神之门已经向他敞开，回想惊心动魄的一生他仍能感到那后怕悸动。他非常不情愿地接受了医生的建议。他退休了，他成立洛克菲勒慈善基金会，他尽力保持轻松愉快的心情。捐钱让他感受到赚钱所无法获得的满足和愉悦，即使当他旗下的“标准石油公司”因《反托拉斯法》的颁布而被课以“历史上最重的罚款”，他也只是对他的律师说：“不要担心，约翰逊先生，我本来就打算好好睡上一觉，晚安！”而洛克菲勒的逝世，已经是45年后的事了。

这便是现代人的斗争方法：爱心、信心。唯其拥有爱心，才能捐巨款以慈善；唯其拥有信心，才能视重挫以谈笑。

记住，学会放弃烦恼，你便得到了“余暇”；学会放弃烦恼，你便释放了紧张；学会放弃烦恼，你便获得了快乐。

22. 要想获得，必先给予

成人之美，胜造七级浮屠。给予别人，等于给予自己。给的目的是为了获得。

交换现象出现于人类社会的早期阶段，人们彼此互通有无，进行贸易，这是物质交换。人生儿育女，而子女顺从、听话，这也是一种交换。人们交流感情，进行社交活动，这也是交换。通过对交换现象的观察我们不难得出下列结论：由于彼此的缺乏和平等的原则才使得交换得以实现；

双方只有在相互平等的前提下，交换才能更好地发生作用。一旦破坏了这一“看不见的”原则，我们便无法得到对方的东西。回报是理所当然的，它就基于以上的交换原则。

通过平等的交换，我们各自得到了我们所缺乏的东西，使各自的效用得到了优化。可见，交易这种手段它联系了世间的人与人之间的纷繁芜杂的社会关系。使得每个人都倾心于有利于自己和他人的交易行为。

可见，给予不是为了别的，给予是为了获得。其实，我们在给予的时候，就注定了获得的渴求，正是有了这种渴求才使我们的给予有了动力。天上不会掉下来馅饼，更没有免费的午餐，而我们时刻都在渴求着什么，希望着什么。

春秋战国时候，魏国的信陵君为人忠厚、讲仁义，善于成人之美。他的门客达到三千多人。其中有一位门客叫侯生，本是屠户出身，其才平平，其貌庸庸，受到其他门客及家人的嘲弄与鄙视。而信陵君以士之礼待之，一视同仁，毫无嫌弃和厌恶之感。相反，还能尊重他的意见，成全他的要求。公元前248年，秦国围攻赵国都城邯郸，赵王数次遣使向魏求救。魏王怕引火烧身而不敢发兵，但是在各国一片合纵抗秦的呼声之下，又不能对邻居见死不救。他只好派大将晋鄙率领十万人象征性地救援，虽大造声势，实则驻军于邺下，停滞不前。信陵君多次请求魏王催促晋鄙进兵，魏王不听。他一怒之下，带领自己的1000多门客准备与秦军决一死战。临别找侯生，侯生却一反常态，对信陵君赴汤蹈火无动于衷。一怒之下，公子行出数里，可是越想越不对劲，于是就想回头问个明白。原来侯生使的是欲扬先抑之计，他故作冷淡，使信陵君诧异，然后再提出自己的意见。侯生指出这样行动无异于以卵击石，与其铤而走险，不如偷来兵符，操纵军队。最后在好友朱亥的帮助上，终于盗得了兵符并取代了晋鄙的兵权。信陵君传令全军：“父子俱在军中者，父归；兄弟俱在军中者，兄归；独子无兄弟者，回家赡养父母；有疾病者，留下治疗。”这一成人之美的命令深得人心，留下的八万精兵，及千余门客，个个斗志昂扬，最后大败秦军。

我们从中可以看到信陵君的成功并非偶然的，他的仁义为人，成人之美的美德使他在遇到困难时，很多人愿意帮助他，甚至为他拼死卖命。

从以上历史故事中我们得到启迪：要想获得，必须先给予；为了让别人归心于自己，首先要做到成人之美。

23. 强弱只是相对的

世上没有绝对的弱者。在夹缝中生存，逃避自然，是弱者天生的本领。弱肉未必强食，相反强肉可能被蚕食。无论强者弱者都要适环境因素遇强则弱，遇弱则强。

弱常常与小联系在一起，正因为小，使弱者本身也具备了很大一部分优势，比如小而灵活、小而精、小而全等。小的事物常常是容易被忽视的，那么你何不利用这种有利的时机，暗地里逐步发展壮大。

著名的爱国将领蔡锷就是很善于保护自己的人，在敌强我弱的情况下巧妙地逃出了敌人的手掌。当时，蔡锷的活动已被袁世凯有所察觉，袁将蔡锷羁绊于北京，派了密探在暗中监视。在这种险恶的情况下，蔡锷使出了迷惑敌人的手法。他装出一副胸无大志的庸人形象，整天忙于出入烟花青楼，与名妓小凤仙出入成双，坠入绵绵私情之深渊而不能自拔。灯红酒绿的生活使他表面上变得腐化、堕落、颓废而丝毫没有一丝强者的威风。这样，密探将以上的情况告于袁世凯，袁世凯窃喜，心想蔡锷原来也只不过是如此一个无能之辈，于是就放松了对他的警惕。蔡锷借机辗转回滇，组建讨袁护国军，就这样，袁很快在全国的声讨中仅做了八十三天的皇帝梦就一命呜呼了。

在强大的竞争丛林中，能够在夹缝中生存也是弱者的一种本领。在自然界中也许你会注意到有一类攀爬的植物，它们最善于在夹缝中生存，从而给自己找到一份安全的空间，菟丝子即是如此。那么在人类社会中呢？弱者照样可以生存于夹缝之中。为什么呢？强者往往并非一人，而在几个强者之激烈竞争中，往往便会产生一个真空地带，即没有一个强者敢于涉足的地区。因为大家彼此都料到，一旦进入该区，便会引起对方残酷的报复。于是，出现了所谓的真空地带。但是正是这个无人敢涉足的雷池有时却是弱者的又一片天空。勇敢的弱者会选择这样一个雷区，因为他明白，这个地区强者是不愿插手，也是不敢插手的。由此送给弱者这一大好的机会。

在自然界中，并无绝对的强弱之分，只有相对的强弱而言，如果你是弱者不妨聪明地保护自己，在强者的夹缝中寻找广阔的天地。

24. 走自己的路

真正成功的人生，不在于成就的大小，而在于你是否努力地去实现自我，喊出属于自己的声音，走上属于自己的道路。

贝多芬学拉小提琴时，技术并不高明，他宁可拉他自己作的曲子，也不肯做技巧上的改善，他的老师说他绝不是个当作曲家的料。

歌剧演员卡罗素美妙的歌声享誉全球。但当初他的父母希望他能当工程师，而他的老师则说他那副嗓子是不能唱歌的。

发表《进化论》的达尔文当年决定放弃行医时，遭到父亲的斥责：“你放着正经事不干，整天却只管打猎、捉狗捉耗子。”另外，达尔文在自传上透露：“小时候，所有的老师和长辈都认为我资质平庸，我与聪明是沾不上边的。”

沃特·迪斯尼当年被报社主编以缺乏创意的理由开除，建立迪斯尼乐园前他也曾破产好几次。

爱因斯坦4岁才会说话，7岁才会认字。老师给他的评语是：“反应迟钝，不合群，满脑袋不切实际的幻想。”他曾遭到退学的命运。

法国化学家巴斯德在读大学时表现并不突出，他的化学成绩在22人中排第15名。

牛顿在小学的成绩一团糟，曾被老师和同学称为“呆子”。

罗丹的父亲曾怨叹自己有个白痴儿子，在众人眼中，他曾是个前途无“亮”的学生，艺术学院考了三次还考不进去。

《战争与和平》的作者托尔斯泰读大学时因成绩太差而被劝退学。老师认为他“既没读书的头脑，又缺乏学习的兴趣”。

如果这些人不是“走自己的路”，而是被别人的评论所左右，怎么能取得举世瞩目的成绩?

人生的成功自然包含有功成名就的意思，但是，这并不意味着你只有做出了举世无双的事业，才算得上成功。世界上永远没有绝对的第一。看过马拉多纳踢球的人，还想一身臭汗地在足球队里混吗？听过帕瓦罗蒂的歌声的人，还想修练美声唱法吗？——其实，如果总是担心自己比不上别人，只想功成名就，那么世界上也就没有曹雪芹、帕瓦罗蒂、马拉多纳这类人了。

俄国作家契诃夫说得好：“有大狗，也有小狗。小狗不该因为大狗的存在而心慌意乱。所有的狗都应当叫，就让它们各自用自己的声音叫好了。”

小狗也要大声叫！实际上，追求一种充实有益的生活，其本质并不是竞争性的，并不是把夺取第一看得高于一切，它只是个人对自我发展、自我完善和美好幸福的生活的追求。那些每天一早来到公园练武打拳、练健美操、跳迪斯科的人，那些只要有空就练习书法绘画、设计剪裁服装和唱戏奏乐的人，根本不在意别人对他们的姿态和成果品头论足，也不会因没人叫好或有人挑剔就停止练习、情绪消沉。他们的主要目的不在于当众展示、参赛获奖，而是自得其乐、自有收益，满足自己对生活美和艺术美的渴求。

25. 学会思索

如果您提出了目标——想在科学领域中获得尽可能大的成果，那么必须把思考的时间留出来。

最早完成原子核裂变实验的英国著名物理学家卢瑟福，有一天晚上走进实验室，当时已经很晚了，他见一个学生仍坐在工作台前，便问道：“这么晚了，你还在干什么呢？”

学生回答说：“我在工作。”

“那你白天干什么呢？”

“我也工作。”

“那么你早上也在工作吗？”

“是的，教授，早上我也工作。”

于是，卢瑟福提出了一个问题：“那么这样一来，你用什么时间思考呢？”

这个问题提得真好！

拉开历史的帷幕就会发现，古今中外凡是有重大成就的人，在其攀登科学高峰的征途中，都是给思考留有一定时间的。据说爱因斯坦狭义相对论的建立，经过了“十年的沉思”。他说：“学习知识要善于思考、思考、再思考，我就是靠这个学习方法成为科学家的。”伟大思想家黑格尔在著书立说之前，曾缄默六年，不露锋芒，在这六年中，他即是以思考为主，钻研哲学。而这平静的六年，其实是黑格尔一生中最重要的时刻。牛顿从苹果落地导出了万有引力定律，有人问他这有什么“诀窍”？牛顿说：“我并没有什么方法，只是对于一件事情作长时间热情的思索罢了。”德国数学家高斯，在许多方面都有杰出的贡献，有人称他为“数学王子”，而他则谦虚地说：“假如别人和我一样深刻和持续地思考数学真理，他们会做出同样的发现的。”

苏联昆虫学家柳比歇夫在回答一位抱怨没有时间考虑问题的年轻科学家时说：“……没有时间思索的科学家(这不是短时期，而是一年、二年、三年)，那是一个毫无指望的科学家；他如果不能改变自己的日常生活制度，挤出足够的时间去思考，那他最好放弃科学。”

26. 每个人都有成功的机会

每个人都有成功的机会，亦即在起跑点上是一样的，至于起跑后的差距则是日积月累形成的。虽然每个人都有获得成功的机会，但是，结果如何，完全要看个人的本事了。

在选美比赛上，众人瞩目的总是靓丽鲜艳的面孔，婀娜多姿的体态。外在美是选美的一般标准，可是也有人相信内在美的焕发才是选美最重要的条件，而且这样的理念也得到了证实，至少在美国小姐唐娜·亚松真身上，世人见识到内在美获得认同的实例。

唐娜出生在阿肯色斯的一个小镇上，她的青春期就像大多数的青少年一样，生涩、害羞，对自己的将来不知所从。那个时候她想象自己是只丑小鸭，并不是选美的皇后。可是唐娜有一些远比外在的美丽更重要的特质，她的气质清新，风度稳健。从审美的角度来看，她是一块璞玉，稍加琢磨就能大放异彩。至少她相信是的。

她决定要把自己的内在美表现出来。她去练健身，学习仪态，然后报名参加一场选美比赛。那一场比赛她没进入决赛，可是唐娜并不灰心，接着又参加了好几场比赛，直到参加过16场选美比赛之后，她终于当选阿肯色斯小姐，然后又成为美国小姐。以后她带着同样那一份自然芬芳的内在美，以及辛勤努力的工作，踏入娱乐界，成为一个出色的艺人，拥有自己的节目。

对我们每个人来说，这个故事透露的实在是一个好消息，因为每个人都拥有同样芬芳的内在美。最重要的是去找出自己的内在美，把它表现出来，你不见得会是另一个选美皇后，可是它能使你成为人生的赢家。

27. 天才懂得选择

天才不是固执者，而是懂得适机的放弃。

开普顿·布朗先生一直在潜心研究桥梁的结构问题。在初夏的一个早上，晨露未干，他正在自家的花园里散步，突然他看到一张蜘蛛网横在路上。他突然灵感大发，一个主意涌上心头。铁索和铁绳不正可以像蜘蛛网一样连成一座大桥吗？结果他发明了举世闻名的悬索大桥。

詹姆斯·沃特一直在思考如何在克来迪这个地方铺设地下输水管道。这地方河流纵横，河床情形千差万别，他苦思冥想未能想出理想的方案。有一天，他偶尔看到桌上一只龙虾的壳，由此他受到启发。他设计了一种类似龙虾形状的铁管，铺好之后，果然解决了以前无法解决的难题。

伊兹贝德·布约尔设计著名的托马斯隧道的灵感则是观察微小的船蛆的结果。他发现这种小小的动物用自己的头部首先朝一个方向钻孔，然后朝另一个方向钻一个孔，再钻出一个拱道。这是第一道工序。第二步是在洞的顶上和两边涂上一层滑滑的东西。布约尔把船蛆的操作过程及其方法认真加以研究，终于得以建好他监狱里的掩护支架，并完成他那项伟大工程。

当马尔格兹·沃赛斯特在监狱里当囚犯时，有一次，他观察到水壶里的热气掀起水壶盖子这一现象，从此他的注意力就集中到蒸汽动力这个课题上。他把观察的结果发表在《世纪发明》这本杂志上，相当一个时期，他的论文被当做探讨蒸汽动力的教材使用。一直到后来，赛威热、纽卡门等人把蒸汽原理运用到实际生活中，制造出了最初的蒸汽机。后来瓦特被叫去修理这台已属于格拉斯哥大学的“纽卡门机器”。这一偶然的事件给瓦特带来了一次机遇，他花一辈子时间使蒸汽机完善起来。

善于抓住一些偶然的事件，然后去选择其优越的方法。善于抓住由这些偶然事件造成的机遇，从中探索出内在的原理，引申出科学的知识，这是许多科学家、发明家的成功之道。

天才就是把注意力专注于某一特殊的方向。当然，这里的常人必须是那些全身心追求自己目标的人。一个人只要致力于追求自己的目标，他总会找到属于他的“偶然性”或机遇。当然，“偶然性”和机遇也只会光顾这样的人。

28. “敢做”比“会做”更重要

许多相当成功的人，并不一定是他比你“会做”，更重要的是他比你“敢做”。

1956年，58岁的哈默购买了西方石油公司，开始大做石油生意。石油是最能赚大钱的行业，也正因为如此，所以竞争尤为激烈。初涉石油领域的哈默要建立起自己的石油王国，无疑面临着极大的竞争风险。

首先碰到的是油源问题。1960年石油产量占美国总产量38%的得克萨斯州市场，已被几家大石油公司垄断，哈默无法插手；沙特阿拉伯是美国埃克森石油公司的天下，哈默难以染指。如何解决油源问题呢？1960年，当花费了1000万美元勘探基金而毫无结果时，哈默再一次冒险地接受了一位年轻地质学家的建议：旧金山以东一片被德士古石油公司放弃的地区，可能蕴藏着丰富的天然气，并建议哈默的西方石油公司把它租下来。哈默又千方百计从各方面筹集了一大笔钱，开始了这一冒险的投资。当钻到860英尺深时，终于钻出了加利福尼亚州的第二大天然气田，估计价值在2亿美元以上。

哈默成功的事例告诉我们：风险和利润的大小是成正比的，巨大的风险能带来巨大的效益。

与其不尝试而失败，不如尝试了再失败，不战而败如同运动员竞赛时的弃权，是一种极端怯懦的行为。作为一个成功的经营者，就必须具备坚强的毅力，以及“拚着失败也要试试看”的勇气和胆略。当然，冒风险并非铤而走险，敢冒风险的勇气和胆略是建立在对客观现实的科学分析基础之上的。顺应客观规律，加上主观努力，力争从风险中获得效益，是成功者必备的心理素质，这就是人们常说的应当将胆识相结合。

29. 选择冒险

如果你面对风险时信心不足的话，不必担心，不妨大胆些，及时迈出决定性的第一步。记住，在你已经冒了第一个很大的风险以后，再去面对风险就容易得多了。

黛比出生在一个有很多兄弟姐妹的大家庭。从小她就非常渴望得到父母亲的赞扬和鼓励，但是由于孩子多，黛比的父母根本就顾不上她。这种经历使得她长大成人后依然缺少自信心。她后来嫁给一个非常成功的高级管理人员，但美满的婚姻并没有改变她缺乏自信的心态。当她与朋友出去参加社交活动时总是显得很笨拙，唯一使她感到自信的地方和时间是在厨房里烤制面包的时候。她非常渴望成功，但是鼓起勇气从家务中走出去，做出决定去承担具有失败风险的羞辱，对她来说是想也不敢想的事情。随着时间的推移，她终于认识到自己要么停止成功的梦想，要么就鼓起勇气去冒一次险。黛比这样讲述自己的经历：

"我决定进入烹饪行业。我对我的妈妈爸爸以及我的丈夫说：'我准备去开一家食品店，因为你们总是告诉我说我的烹饪手艺有多么了不起。'

'噢，黛比，'他们一起惊叹道，'这是一个多么荒唐的主意！你肯定要失败的。这事太难了。快别胡思乱想了。'你知道，他们一直这样劝阻我，说实话，我几乎相信他们说的。但是更重要的是我不愿意再倒退回去，再像以往那样犹犹豫豫地说‘如果真的出现……’”

她下决心要开一家食品店。她丈夫始终反对，但最后还是给了她开食品店的资金。食品店开张的那一天，竟然没有一个顾客光临。黛比几乎被冷酷的现实击垮了。她冒了一次险，并且使自己身陷其中。看起来她是必败无疑了。她甚至相信她的丈夫是对的，冒这么大的险是一个错误。但是人就是这样，在你已经冒了第一个很大的风险以后，再去面对风险就容易得多。黛比决定继续走下去。

一反平时胆怯羞涩的窘态，黛比端着一盘刚烘制的热烘烘的食品在她居住的街区，请每一个过往的人品尝。有件事使她越来越自信：所有尝过她的食品的人都认为味道非常好。人们开始接受她的食品，继而到今天，“黛比·菲尔茨”的名字在美国数以百计的食品商店的货架上出现。她的公司“菲尔茨太太原味食品公司”是食品行业最成功的连锁企业。今天的黛比·菲尔茨已经成了一个浑身到处都散发出自信的人！

30. 成功是平凡的积累

成功是平凡的积累，实力体现在每一件小事中。

18世纪瑞典化学家舍勒在化学领域做出了杰出的贡献，可是瑞典国王毫不知情。在一次去欧洲旅行的旅途中，国王才了解到自己的国家有这么一位优秀的科学家，于是国王决定授予舍勒一枚勋章。可是负责发奖的官员孤陋寡闻，又敷衍了事，他竟然没有找到那位全欧洲知名的舍勒，却把勋章发给了一个与舍勒同姓的人。

其实，舍勒就在瑞典的一个小镇上当药剂师，他知道要给自己发一枚勋章，也知道发错了人，但他只是付诸一笑，只当没有那么一回事，仍然埋头于化学研究之中。

舍勒在业余时间里用极其简陋的自制设置，首先发现了氧，还发现了氯、氨、氯化氢，以及几十种新元素和化合物。他从酒石中提取酒石酸，并根据实验写成两篇论文，送到斯德哥尔摩科学院。科学院竟以“格式不当”为理由，拒绝发表他的论文。但是舍勒并不灰心，在他获得了大量研究成果以后，根据这个实验写成的著作终于与读者见面了。舍勒在32岁那年当选为瑞典科学院院士。

如果我们也有舍勒这种埋头苦干、锲而不舍的精神，有在平凡中求伟大的品性，那么成功也就离你不远了。要知道在整个社会系统中，除了一些特殊的人从事特定工作之外，一般人的工作都是很平凡的。虽然是平凡的工作，但只要努力去做，和周围的人配合好，依然可以做出不平凡的成绩。

那种大事干不了、小事又不愿干的心理是要不得的。小至个人，大到一个公司、企业，它们的成功发展，正是来源于平凡工作的积累。公司需要的是能够在平凡中求成长的人，所以能够认真对待每一件事，能够把平凡工作做得很好的人才是能够发挥实力的人。因此不要看轻任何一项工作，没有人可以一步登天，当你认真对待每一件事，你会发现自己的人生之路越来越广，成功的机遇也会接踵而至。

31. 专注决定成功

成功的艺术大师，往往除了都具有那种追求完美的意志之外，还具有把一切都忘掉的热忱。一个成功的人一定能够把自己完全沉浸在他的工作里，此外，没有别的秘诀。

一位奥地利人记录了他曾经在著名雕刻大师罗丹工作室的如下见闻和感受：

在罗丹的工作室——有着大窗户的简朴的屋子，有完成的雕像，有许许多多小塑样：一只胳膊，一只手，有的只是一只手指或者指节；他已动工而搁下的雕像，堆着草图的桌子。这间屋子是他一生不断追求与劳作的地方。

罗丹罩上了粗布工作衫，就好像变成了一个工人。他在一个台架前停下。

“这是我的近作。”他说，把湿布揭开，出现一座女正身像。

“这已完工了。”我想。

他退后一步，仔细看着。但是在审视片刻之后，他低语了一句：“就在这肩上线条还是太粗。对不起……”

他拿起刮刀、木刀片轻轻滑过软和的黏土，给肌肉一种更柔美的光泽。他健壮的手动起来了，他的眼睛闪耀着。“还有这里……那里……”他走回去，把台架转过来，含糊地吐着奇异的喉音。时而，他的眼睛高兴得发亮；时而，他的双眉苦恼地蹙着。他捏好小块的黏土，粘在雕像身上，刮开一些。

这样过了半小时，一小时……他没有再向我说过一句话。他忘掉了一切，除了他要创造的更崇高的形体的意象。他专注于他的工作，犹如在创世之初的上帝。

最后，他扔下刮刀，像一个男子把披肩披到他情人肩上那种温存关怀般地把湿布蒙上女正身像，于是，他又转身要走。在他快走到门口之前，他看见了我。他凝视着，就在那时他才记起，他显然对他的失礼而惊惶："对不起，先生，我完全把你忘记了，可是你知道……"

我握着他的手，感谢地紧握着。也许他已领悟我所感受到的，因为在我们走出屋子时他微笑了，用手抚着我的肩头。

再没有什么像亲眼看见一个人全然忘记时间、地方与世界那样使我感动。那时，我领悟到一切艺术与伟业的奥妙——专心，完成或大或小的事业的全力集中，把易于弥散的意志贯注在一件事情上的本领。

32. 泥泞的路才能有脚印

善于化解心中之结，才能走过泥泞的路。

鉴真和尚刚刚剃度遁入空门时，寺里的住持让他做了寺里谁都不愿做的行脚僧。

有一天，日已三竿了，鉴真依旧大睡不起。住持很奇怪，推开鉴真的房门，见床边堆了一大堆破破烂烂的芒鞋。住持叫醒鉴真问：“你今天不外出化缘，堆这么一堆破芒鞋做什么？”

鉴真打了个哈欠说：“别人一年一双芒鞋都穿不破，我刚剃度一年多，就穿烂了这么多的鞋子，我是不是该为庙里节省些鞋子？”

住持一听就明白了，微微一笑说：“昨天夜里落了一场雨，你随我到寺前的路上走走看看吧。”

寺前是一座黄土坡，由于刚下过雨，路面泥泞不堪。

住持拍着鉴真的肩膀说：“你是愿意做一天和尚撞一天钟，还是想做一个能光大佛法的名僧？”

鉴真说：“我当然希望能光大佛法，做一代名僧。”

住持捻须一笑问：“你昨天是否在这条路上走过？”

鉴真说：“当然。”

住持问：“你能找到自己的脚印吗？”

鉴真十分不解地说：“昨天这路又坦又硬，小僧哪能找到自己的脚印？”

住持又笑笑说：“今天我俩在这路上走一遭，你能找到你的脚印吗？”

鉴真说：“当然能了。”

住持听了，微笑着拍拍鉴真的肩说：“泥泞的路才能留下脚印，世上芸芸众生莫不如此啊！那些一生碌碌无为的人，不经风不沐雨，没有起也没有伏，就像一双脚踩在又坦又硬的大路上，脚步抬起，什么也没有留下。而那些经风沐雨的人，他们在苦难中跋涉不停，就像一双脚行走在泥泞里，他们走远了，但脚印却印证着他们行走的价值。”

鉴真惭愧地低下了头。

选择泥泞的路才能留下脚印，不经历风雨，没有起伏的人总想在一片坦途上行走，终究不会有任何的收获。只可惜有许多人只知道放弃而不懂得如何放弃。

33. 小事成就大业

无论大事小事，关键在于你的选择，只要选择对了，你的小事也就成了大事。

在我们的印象中，擦鞋绝对是一难登大雅之堂的职业，如果有人以此终生为业，那他一定不会有多大的出息。实际上呢？我们却想错了，一个名叫源太郎的日本人，就是凭借擦鞋，成就了自己辉煌的人生。

多年前，身为化工厂工人的源太郎失业了。一个偶然的机会，他从一位美国军官那里学会了擦鞋，他很快就迷上了这种工作；只要听说哪里有好的擦鞋匠，他就千方百计地赶去请教、虚心学习。

日子一天天地过去了，源太郎的技艺越来越精湛。他的擦鞋方法别具一格：不用鞋刷，而用木棉布绕在右手食指和中指上代替，鞋油也自行调制。那些早已失去光泽的旧皮鞋，经他匠心独运的一番擦拭，无不焕然一新，光可鉴人，而且光泽持久，可保持一周以上。更绝的是，凭着高深的职业素养，源太郎与人擦肩而过时，便能知道对方穿何种鞋；从鞋的磨损部位和程度，他可以说出这人的健康和生活习惯。他的精湛技艺，打动了东京一家名叫“凯比特东急”的四星级饭店，他们将源太郎请到饭店，为饭店的顾客擦鞋。

令人惊讶的是，自从源太郎来到“凯比特东急”之后，演艺界的各路明星一到东京便非“凯比特东急”不住。一向苛刻挑剔的明星们对此情有独钟的原因非常简单，就是享受一下该店擦鞋的“五星级服务”。当他们穿着焕然一新的皮鞋翩然而去时，他们的心里深深地记下了源太郎的名字。

源太郎炉火纯青的技术、一丝不苟的精神和非同凡响的效果，为他赢得了众多顾客的青睐。他的老主顾不只来自东京京都、北海道，甚至还有香港、新加坡等地。在他简朴的工作室内，堆满了发往各地的速寄纸箱。如今的源太郎，早已成为“凯比特东急”的一块金字招牌。

源太郎的努力，为他自己创造出一份辉煌的业绩。事实上，只要我们用心去做，哪一件小事不能成就大业呢？

34. 丢失的玩具

“只有砸烂较差的，我们才能创造更好的。”的确，我们很多时候，只满足于眼前的成绩而没有再进一步的动力，也因为没有意识到这一点。不断进取才会更好。

雕塑家有一个十二岁的儿子。儿子要爸爸给他做几件玩具，雕塑家从来不答应，只是说：你自己不能动手试试吗？

为了制好自己的玩具，孩子开始注意父亲的工作，常常站在大台边观看父亲运用各种工具，然后模仿着运用于玩具制作。父亲也从来不向他讲解什么，放任自流。

一年后，孩子好像初步掌握了一些制作方法，玩具做得颇像个样子。这时，父亲偶尔会指点一二。但孩子脾气倔，从来不将父亲的话当回事，我行我素，自得其乐。父亲也不生气。

又一年，孩子的技艺显著提高，可以随心所欲地摆弄出各种人和动物形状。孩子常常将自己的“杰作”展示给别人看，引来诸多夸赞。但雕塑家总是淡淡地笑，并不在乎似的。

忽然有一天，孩子存放在工作室的玩具全部不翼而飞！他十分惊疑，去问父亲。父亲说：昨夜可能有小偷来过。孩子没办法，只得重新制作。

半年后，工作室再次被盗！又半年，工作室又失窃了。孩子有些怀疑是父亲在捣鬼：为什么从不见父亲为失窃而吃惊、防范呢？

偶然一天夜晚，儿子从外边归来，见工作室灯亮着，便溜到窗边窥视：父亲背着手，在雕塑作品前踱步、观看。好一会儿，父亲仿佛作出某种决定，一转身，拾起锤子，将自己大部分作品打得稀巴烂！接着，将这些碎土块堆到一起，放上水重新混合成泥巴。孩子疑惑地站在窗外。这时，他又看见父亲走到他的那批小玩具前，只见父亲拿起每件玩具端详片刻，还亲了似的。然后，父亲将儿子所有的自制玩具扔到泥堆里搅和起来。当父亲回头的时候，儿子已站在他身后，瞪着愤怒的眼睛。父亲有些羞愧，温和地抚摸儿子脸蛋，吞吞吐吐道：“我……是因为，只有砸烂较差的，我们才能创造更好的。”

又十年，父亲和儿子的作品多次同获国内外大奖。

35. 坦言失败是成功

选择坦言失败要有相当的勇气，而很多人都是随意应付一下就放弃了。

1928年，大散文家沈从文被时任中国公学校长的胡适聘为该校讲师。

沈从文那时才26岁，学历只有小学文化，闯入十里洋场的上海为时不长，即以一手灵气飘逸的散文而震惊文坛，当时已颇有名气。

但是，名气不是胆气，在他第一次走上讲台的时候，除原班学生外，慕名而来听课的人很多。而对台下满堂坐着的渴盼知识的学子，这位大作家竟整整待了10分钟一句话也说不出来。后来开始讲课了，而原先准备好的要讲授一个课时的内容，被他三下五除二地十分钟就讲完了，离下课时间还早呢！但他没有天南海北地瞎扯来硬撑“面子”，而是老老实实拿起粉笔在黑板上写到：“今天是我第一次上课，人很多，我害怕了。”于是，这老实得可爱的“坦言失败”，引得全堂爆发出一阵善意的笑声……胡适知道后，评价这次讲课时，对沈从文的坦言与直率，认为是“成功”了！

坦言失败的前提，需有光明磊落的胸襟和正视自我的勇气；而善待失败应是对自己失败的原因有所了解和发现，从而才有可靠的举措成竹在胸，这样，就不会重蹈失败之覆辙。而这样的既敢“坦言”又能“善待”的“失败”，才会成为“成功之母”。

36. 奇迹是这样创造的

在这个世界上，创造出奇迹的人，凭借的都不是最初的那点勇气，但是只要把最初那点微不足道的勇气保留到底，任何人都会创造奇迹。

1983年，伯森·汉姆徒手攀壁，登上纽约的帝国大厦，在创造了吉尼斯纪录的同时，也赢得了“蜘蛛人”的称号。

美国恐高症康复联席会得知这一消息，致电“蜘蛛人”汉姆，打算聘请他作康复协会的顾问。

伯森·汉姆接到聘书，打电话给联席会主席诺曼斯，要他查一查第1042号会员，这位会员很快被查了出来，他的名字叫伯森·汉姆。原来他们要聘作顾问的这位“蜘蛛人”，本身就是一位恐高症患者。

诺曼斯对此甚为惊讶。一个站在一楼阳台上都心跳加快的人，竟然能徒手攀上四百多米高的大楼，他决定亲自去拜访一下伯森·汉姆。

诺曼斯来到费城郊外的伯森住所。这儿正在举行一个庆祝会，十几名记者正围着一位老太太拍照采访。

原来伯森·汉姆94岁的曾祖母听说汉姆创造了吉尼斯纪录，特意从100公里外的慕拉斯堡罗徒步赶来，她想以这一行动，为汉姆的纪录添彩。

谁知这一异想天开的做法，无意间竟创造了一个耄耋老人徒步百里的世界纪录。

《纽约时报》的一位记者问她，当你打算徒步而来的时候，你是否因年龄关系而动摇过?

老太太精神矍铄，自信地说：“小伙子，打算一口气跑一百公里也许需要勇气，但是走一步路是不需要勇气的，只要你走一步，接着再走一步，然后一步再一步，一百公里也就走完了。”

恐高症康复联席会主席诺曼斯站在一旁，一下明白了伯森·汉姆登上帝国大厦的奥秘，原来他有向上攀登一步的勇气。

37. 苦难与天才

并非苦难成就天才，也不是天才特别热爱苦难。苦难很多人都可能会碰到，有的人退缩了，有的人过来了。退缩的人就此沉没，过来的人成了天才。

上帝像精明的生意人，给你一份天才，就搭配几倍的苦难。

世界著名小提琴家帕格尼尼就是一位同时接受两种馈赠又善于用苦难的琴弦把天才演奏发挥到极致的奇人。

他首先是一位苦难者。四岁时一场麻疹和强直昏厥症，已差点使他白布裹尸装入棺材。七岁时他险死于猩红热。十三时他患上严重肺炎，不得不大量放血治疗。四十岁时他牙床突然长满脓疮，只好拔掉几乎所有牙齿。牙病刚愈，他又染上了可怕的眼疾。五十岁后，关节炎、肠道炎、结核等多种疾病吞噬着他的肌体。后来他的声带也坏了，靠儿子按口型翻译他的思想。他仅活到五十七岁，就口吐鲜血而亡。死后尸体也备受磨难，先后搬迁了八次。

上帝搭配他的苦难实在太残酷无情了。

但他似乎觉得这还不够深重，又给生活设置了各种障碍和旋涡。他长期把自己囚禁起来，每天练琴十至十二小时，忘记饥饿和死亡。十三岁起，他就周游各地，过着流浪生活。他一生和五个女人发生过感情纠葛，其中有拿破仑的遗孀和其两个妹妹。姑嫂间还为他展开激烈争夺。但他不齿于上流社会生活，认定命该受苦受难。在他眼中这也不是爱情，而只是他练琴的教场和获得唯一一个儿子的公平交易。除了儿子和小提琴，他几乎没有任何亲人。

他其次才是一位天才。三岁学琴，十二岁就举办首场音乐会，并一举成功，轰动舆论界。之后他的琴声遍及法、意、奥、德、英、捷等国。他的演奏使帕尔玛首席提琴家罗拉惊异得从病榻上跳下来，木然而立，无颜收他为徒。他的琴声使卢卡观众欣喜若狂，宣布他为共和国首席小提琴家。在意大利巡回演出产生神奇效果，人们到处传说他的琴弦是用情妇肠子制作的，魔鬼又暗授妖术，所以他的琴声才魔力无穷。歌德评价他“在琴弦上展现了火一样的灵魂”。李斯特大喊：“天啊，在这四根琴弦中包含着多少苦难、痛苦和受到残害的生灵啊！”

人们不禁问：是苦难成就了天才，还是天才特别热爱苦难?

这问题一时难以说清。但人们知道：弥尔顿、贝多芬和他被认为世界文艺史上三大怪杰，居然一个成了瞎子、一个成了聋子、一个成了哑巴！——或许这正是上帝用他的搭配论摁着计算器早已计算搭配好了的呢。

38. 学会低头

学会低头，也就是舍得放弃，若要硬是强出头，只有碰壁。

一次，一位气宇轩昂的年轻人昂首挺胸，迈着大步去拜访一位德高望重的老前辈，不料，一进门，他的头就狠狠地撞在了门框上，疼得他一边不住地用手揉搓，一边看着比他的身子矮一大截的门。恰巧，这时那位前辈前来迎接他，见之，笑笑说：“很疼吧？可是，这将是你今天来访问我的最大收获。”年轻人不解，疑惑地望着老前辈。“一个人要想平安无事地生活在世上，就必须时刻记住：该低头时就低头。这也是我要教你的事情。”老人平静地说。

这位年轻人，就是被称为美国之父的富兰克林。

据说，富兰克林把这次拜访得到的教导看成是一生最大的收获，并把它作为人生的生活准则去遵守，因此受益终生。后来，他成为功勋卓越的一代伟人。

人生要历经千门万坎，洞开的大门并不完全适合我们的躯体，有时甚至还有人为的障碍，我们可能要不停地碰壁，或伏地而行。若一味地讲“骨气”，到头来，不但被拒之门外，而且还会被撞得头破血流。学会低头，该低头时就低头，巧妙地穿过人生荆棘，它既是人生进步的一种策略和智慧，也是人生立身处世不可缺少的风度和修养。

苏东坡在《留侯论》中有这样一段话：天下大勇者，卒然临之而不惊，无故加之而不怒，此其所挟持者甚大，而其去甚远也。这也算得上是对学会低头的另一种注解吧。

39. 失之东隅，收之桑榆

不要硬逼着自己去选择，有时成功不了，放弃反而是另一种收获。

日常生活中，我们总是喜欢朝着自己既定的目标奋力拼搏，但却不是每个人的愿望和理想都能实现。那些搏击一世却未获成功的人，会不会是因为他生命中真正精华的部分被自以为“不是最好的”，而从未得以展示呢？

李宇明是华中师大的年轻教授，刚结婚不久，妻子就因为患类风湿性关节炎成了卧床不起的病人。生下女儿后，妻子的病情又加重了。面对常年卧床的妻子、刚刚降生的女儿、还没开头的事业，李宇明矛盾重重。一天，他突然想到，能不能把自己的研究方向定在儿童语言的研究上呢？从此，妻子成了最佳合作伙伴，刚出生的女儿则成了最好的研究对象。家里处处都是小纸片和铅笔头，女儿一发音，他们立刻作最原始的记载，同时每周一次用录音带录下文字难以描摹的声音。就这样坚持了6年，到女儿上学时，他和妻子开创一项世界纪录：掌握了从出生到6岁半之间儿童语言发展的原始资料，而国外此项纪录最长的只到3岁。1991年，李宇明的《汉族儿童问句系统习德探微》的出版，在国内外语言界引起了震动。

失之东隅，收之桑榆。很多时候，埋没天才的不是别人，恰恰是自己。成功的路径不止一个，不要循规蹈矩，更不要放弃成功的信心，此路不通，就该换条路试试。

40. 救活自己的只能是自己

放弃伤害别人的同时，也就救了自己。

古罗马的大斗兽场几乎人尽皆知，在那里面发生过千百次的人兽相搏人们早就没有兴趣想象了。至于那里出现过的一次奇迹，也许有的人还不曾听闻。

那次，在斗兽场上，人们把饿了好几天的狮子放了出来。当时，缩在墙角的囚徒罗支莱斯颤抖着拎起长矛，默默地祈祷。他想自己快要完蛋了，但愿狮子能给自己留下一条全尸。

饿极了的狮子一眼就瞅到了墙角的人，它仰天长啸一声之后，便迫不及待地猛扑上去。罗支莱斯眼睛一闭，把长矛向前一刺，狮子却灵巧地避开了。就在这千钧一发之际，那只狮子突然停止了进攻，并且围着罗支莱斯打起了转转。然后它又忽然停了下来，缓缓地在罗支莱斯身边卧了下去，温顺地舔着他的手和脚。

全场顿时鸦雀无声，不一会儿猛地爆发出热烈的欢呼声。罗马皇帝也大为惊讶，破例地把罗支莱斯叫到看台上来询问缘由。

原来在几年前，罗支莱斯在路边发现了一只受了重伤的狮子，他小心翼翼地给狮子包扎了伤口并照料它直到伤口愈合，才送它回到森林。今天在斗兽场里遇见的正是这只狮子！

听完了罗支莱斯的讲述，罗马皇帝也大为感动，立即赦免了罗支莱斯。

于是有人下了这样一个结论：一只狮子救了一个奴隶的性命。那么这是一个片面的结论。实际上应该这样说，救了罗支莱斯的是罗支莱斯本人，而不是那只饿极了当然同时也不失仁义的狮子。也就是说，正是罗支莱斯种下了善因，所以他才收获了善果。

41. 掌握好分寸

人生当中最难把握的两个字是分寸。

在科学上有一个关于分寸的定论叫黄金分割，德国的科学家柯支勒则称之为神圣分割，就是最具有美学价值的比例，也就是我们人类的视觉感到最舒服的造型。其实在生活当中，黄金定律几乎无处不在。旗帜的长宽，人体上下部的长短，窗子的大小，一天当中气温冷暖的比差，甚至阳光的强弱，都有一个科学的定律在发挥作用，这也就是人生的分寸。

做人做到恰如其分，是人生的最高境界。做事做到恰到好处，是人生的最大学问。

清末曾国藩回湖南组建湘军，先后攻克太平军几个重要城市，最后攻陷金陵，曾国藩因此受封一等侯爵。可是也就在这时，曾国藩发现他的湘军总数已经达到30万众，是一支谁也调不动、只听命于他的私人武装。

曾国藩感觉到了顾命大臣功高震主的问题，他开始自削兵权，从而解除了清廷的顾虑，使自己依然得到信任和重用。历史上，有不可尽数的立下绝世功勋的人都没能逃脱“狡兔死，走狗烹”的命运。曾国藩与他们的区别在于他及时地把握好了自己作为一个将军大臣的分寸。

看看我们所处的世界，因为有一个完美的尺度，我们的世界才一派和谐。看看我们周围的人们，因为有一个人生的分寸，才使我们的人生既有失败的懊恼，也有成功的欢欣。

把握好了人生分寸，就等于掌握了自己的命运。

42. 永不投降

永不投降是一种无形的生命刑具，在刑具两旁，一边站着英雄和圣人，一边站着懦夫和小人。

J·D·塞林格是美国当代最负盛名的小说家，他的《麦田里的守望者》被认为是美国文学的“现代经典”，总销售量已超过千万册。

换上其他一些人，或许会是穿华衣、吃美食、坐豪车、娶娇妻，极尽张扬。然而，塞林格走的却是一条完全相反的道路。他退隐到新罕布什尔州乡间，在河边小山附近买了九十多英亩土地，在山顶筑一座小屋，周围种上许多树木，外面拦上六英尺半高的铁丝网，网上还装有警报器。他每天八点半带了饭盒到里面写作，下午五点半才出来，家里任何人不准打扰他，如有要事，只能电话联系。

他平时深居简出，偶尔去小镇购买书刊，有人认出他，他马上拔腿就跑。他不喜欢过多的社交，有人登门造访，得先递上信件或便条；如果来访者是生客，就会被他拒之门外。他更不喜欢自造舆论，成名后，只回答过一个记者的问题，那是一个十六岁的女中学生，为给校刊写稿特地去找他的。

塞林格是值得我们尊敬的。一个人在没有能力获得享受时主动放弃享受，并不是一件怎么了不起的事，难就难在当享受唾手可得，却不向它投降，自觉地坚守自己的生命目标。正是这种视创造为生命、鄙视享乐的性格使塞林格的作品保持了持久的艺术魅力，他的作品哪怕是一个短篇，一经发表，也会马上引起轰动。

43. 谁都不会“一无是处”

当你把自己彻底放弃时，你就没有了选择，那就真的是一无是处了。

法国文豪大仲马在成名前，穷困潦倒。有一次，大仲马跑到巴黎去拜访父亲的一位朋友，请他帮忙找个工作。

他父亲的朋友问他：“你能做什么？”

“没有什么了不得的本事，老伯。”

“数学精通吗？”

“不行。”

“你懂得物理吗？或者历史？”

“什么都不知道，老伯。”

“会计呢？法律如何？”

大仲马满脸通红，第一次知道自己太不行了，便说：“我真惭愧，现在我一定要努力补救我的这些不行。我相信不久之后，我一定会给老伯一个满意的答复。”

他父亲的朋友对他说：“可是，你要生活啊！将你的住处留在这张纸上吧。”大仲马无可奈何地写下了他的住址。他父亲的朋友看后说：“你终究有一样长处，你的名字写得很好呀！”

你看，大仲马在成名前，也曾有过自己认为自己一无是处的时候。然而，他父亲的朋友，却发现了他的一个看似并不是什么优点的优点——把名字写得很好。

把名字写得好，也许你对此不屑一顾：这算什么！然而，不管这个优点有多么“小”，但它毕竟是个优点。你可以此为基地，扩大你的优点范围。名字能写好，字也就能写好；字能写好，文章为什么就不能写好?

我们每一个人，特别是不自信的人，切不可把优点的标准定得太高，而对自身的优点视而不见。你不要死盯着自己学习不好、没钱、相貌不佳等等不足的一面，你还应看到自己身体好、会唱歌、字写得好等等不被外人和自己发现或承认的优点。

你不会“一无是处”，在这个世界上，每个人都潜藏着独特的天赋，这种天赋就像金矿一样埋藏在我们平淡无奇的生命中。那些总在羡慕别人而认为自己一无是处的人，是永远挖掘不到自身的金矿的。

44. 抛弃常规思考

滑铁卢战役的失败真的是拿破仑一生最后的失败？不是。拿破仑的最后失败，是败在一枚棋子上。

拿破仑在滑铁卢失败之后，被终身流放到圣赫勒拿岛。他在岛上过着十分艰苦而无聊的生活。后来，拿破仑的一位密友听说此事，通过秘密方式赠给他一件珍贵的礼物——一副用象牙和软玉制成的国际象棋。拿破仑对这副精制而珍贵的象棋爱不释手，后来就一个人默默地下起象棋来，从而解除了被流放的孤独和寂寞。

拿破仑死后，那副象棋多次以高价拍卖转手。最后，象棋的所有者在一次偶然的机会中发现，其中一个象棋的底部可以打开，当那人打开后，惊呆了，里面竟密密麻麻地写着如何从这个岛上逃出的详细计划。随后，这成为世界的一大新闻。可是，拿破仑没有在玩乐中领悟到这一奥秘和朋友的良苦用心，所以他到死也没有逃出圣赫勒拿岛。这恐怕是拿破仑一生中最大的失败。

拿破仑一生征战南北心机算尽，几乎要称霸欧洲，用许多别人想不到的方法，征服了一个个国家，但是，他没有想到最后竟然死在了常规思维上。如果他用征战的方法思考一下象棋解除寂寞之外的用意，很可能上帝会向他微笑。

常规是我们解决问题的一般性思考，它能凭经验轻车熟路地完成一些工作，解决平常的一些问题。但是，超常的思维会激发我们创造和发明，教我们从容地面对困难，欣然地憧憬未来。

45. 选择你的环境

或许我们没有能力去创造一个环境，但可以去选择一个环境。

我国古代有一名儒学大师叫孟轲，他小时候住在一片坟地附近，于是他常常去看别人家举行葬礼，久而久之，孟轲就和一些小孩去做埋葬祭祀的游戏。孟母觉得这个环境对孩子的影响很不好，于是就把家搬到了一个集市的附近。可是他家的周围这一次换成了商店和小货摊，整天耳边充斥着叫卖声，孟轲又开始和别的孩子玩做生意的游戏。孟母觉得这种环境对孩子的成长更不利，于是又一次举家搬迁。这一次，孟母把家搬到了一所学校附近定居下来。打这以后，孟轲开始受读书人的影响，渐渐在琅琅读书声中得到了熏陶，懂得了读书做人的道理，努力读书，终于成了一代儒学大师。

这就是我们至今传为美谈的“孟母三迁”的故事。环境虽是外因，但有时也能起到关键作用，石头里蹦不出小鸡，但鸡蛋如果离开适宜的温度也不会孵出小鸡，在冰天雪地中它会冻裂，在开水中它会烫熟，哪能会再变成小鸡呢？对于环境的重要性，我国早就有精辟的论述：“近朱者赤，近墨者黑”、“蓬生麻中，不扶自直；白沙在涅，与之俱黑”。我们要善于选择对自己有利的环境，俗话说得好：“树挪死，人挪活”，何况连候鸟还懂得随气候变化而迁徙呢。

46. 学会恰到好处的放弃

无论你内心的感觉如何，一定不要欺骗自己，否则你就要恰到好处地放弃。

拉斐尔十一岁那年，一有机会便去湖心岛钓鱼。在鲈鱼钓猎开禁前的一天傍晚，他和妈妈早早又来钓鱼。装好诱饵后，他将鱼线一次次甩向湖心，在落日余晖下泛起一圈圈的涟漪。

忽然钓竿的另一头倍感沉重起来。他知道一定有大家伙上钩，急忙收起鱼线。终于，他小心翼翼地把一条竭力挣扎的鱼拉出水面。好大的鱼啊！它是一条鲈鱼。

月光下，鱼鳃一吐一纳地翕动着。妈妈打亮小电筒看看表，已是晚上十点——但距允许钓猎鲈鱼的时间还差两个小时。

“你得把它放回去，儿子。”母亲说。

“妈妈！”拉斐尔哭了。

“还会有别的鱼的。”母亲安慰他。

“再没有这么大的鱼了。”拉斐尔伤感不已。

他环视了四周，已看不到一个鱼艇或钓鱼的人，但他从母亲坚决的表情上知道无可更改。暗夜中，那鲈鱼抖动笨大的身躯慢慢游向湖水深处，渐渐消失了。

这是很多年前的事了，后来拉斐尔成为纽约市著名的建筑师。他确实没再钓到那么大的鱼，但他却为此终身感谢母亲。因为他通过自己的诚实、勤奋、守法，猎取到生活中的大鱼——他在事业上成绩斐然、名声在外。

47. 先“放心”面对，再“用心”去解决

人生犹如一条大船，人人都应准备好去掌舵。

美国有一位著名的潜能开发大师席勒，由于他所采用的激励效果极佳而且内容丰富，十分得到学员的喜爱，并且受邀到世界各地去巡回演讲。

席勒有一句招牌话：“任何一个苦难与问题的背后，都有一个更大的祝福！”他常常用这句话来激励学员积极思考。由于他时常将这句话挂在嘴上，连他唯一的女儿，才念小学时就可以朗朗上口地附和他念这句话。他的女儿是一个非常活跃抢眼的小姑娘。

有一次，席勒受邀到韩国演讲，就在课程进行当中，他收到一封来自美国的紧急电报：他的女儿发生了一场意外，已经送医院进行紧急手术，有可能要切除小腿！他心慌意乱地结束课程，火速地赶回美国。到了医院，他看到的是躺在病床上、一双小腿已经被切除的女儿。

这是席勒头一次发现自己的口才完全不见了，他笨拙地不知如何来安慰这个热爱运动、充满活力的天使！

女儿好似察觉父亲的心事，告诉他：“爸爸，你不是时常说，任何一个苦难与问题的背后，都有一个更大的祝福嘛！不要难过呀。”他无奈又激动地说：“可是！你的脚……”

女儿又说：“爸爸放心，脚不行，我还有手可以用呀！”两年后，小女孩升中学了，并且再度入选垒球队，成为该联盟有史以来最厉害的全垒球王！

许多人在困难出现时，退却了；在无法突破时，灰心了；更有人在没有达到预期的目标时就丧失了斗志，甚至有人用放弃自己的生命来了结问题。

先“放心”去面对，再“用心”去解决，你会发觉，问题有时只是我们想象中的巨兽，一旦你带着武器反攻，它们却可能成为不堪一击的泡泡，轻轻一刺，便快速地消失了……

如果你的答案是肯定的，那就不要再拖延了。先思考一下问题的重点，再搜集相关有助于解决的资讯，拟订解决的方案与替代的方法，然后把自己推向最重要的执行上，突破限制、激发自己的能力，成功应该不会离你太远的。

第三章

珍惜身边的情感

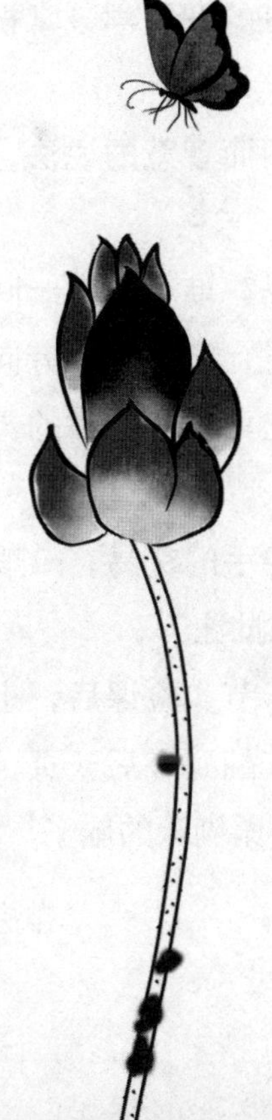

1. 爱的隐性成本

选择你善良的心境，舍弃你打击他人的猎枪，你会成为一位教育家或哲学家。

小学4年级时，因功课太差，父母不得不决定让小罗留级。第一次班会上，新班主任戴老师让小罗做完自我介绍后，说：“现在进行班会下一项内容，全体起立，为插读我班的罗同学鼓掌祝贺，因为他得到了两倍的同学与朋友。”

戴老师对“留级”最美丽而智慧的说法，给当时才10岁的小罗造成的心灵影响是可想而知的。

谁没有需要帮助的时候呢？谁不想当一回“肩膀”，为受难者支撑起一片新天地？人在自卑无助时，请握住一旁向你伸出的温暖之手并站立起来。请记住这只温暖之手，它可以直达你的灵魂，解开你的心结，激发你的勇气。

工作后的小罗，凡是他经手的交易，一般都很成功。一个重要原因是得益于大学读书时老师的一条批注。

那是大学毕业前的最后一节实验课后，小罗拿回了老师批复过的实验报告，右上角没有签注成绩，翻到最后一页，有一行红笔字：“写得一塌糊涂的报告，表示你有一个一塌糊涂的脑子。”

似乎现在已经很少能够见到这么不客气的批评人以及能够接受这么不客气的批评的人了。同学、同事之间在“你好我好大家好”的背后，少不了相互揣摩暗中较劲，以己之长比人之短；老板对雇员，“指使”多于“指导”，推行所谓只看结果不问过程的时髦管理。其实，诤言未必不善意，有时候，直抒胸臆要好过推诿搪塞。

一天晚上，小罗加完班已是10点钟了，他走进附近的一家小食店，叫了一份虾仁炒饭。很快就听到了旁边两个人的小声对话：

“饭没有了。”

“再煮一锅。”

“再煮一锅?”

“再煮一锅!”

近半个小时后，小罗吃到了炒饭。饭间小罗问那位身兼服务员的老板，快打烊了，再煮一锅饭岂不是浪费？你完全可以说“明日请早”的呀。

“不浪费，”老板说，“要想吸引一位顾客，做宣传、打广告等等，所需要的费用远要比一锅饭的成本大得多。另外，您已经走进我的饭店里了，这就给了我们机会，有时机会也是成本啊!”

我们又如何看待生命中的“成本”呢？有些“隐性成本”，我们未必看得到。比如，有人喜欢即时“结账”。求我办事？可以，一手交钱一手交货，锱铢必较，号称新经济新观念；有人信奉“空米袋搬米”或“吃小亏占大便宜”；与此相反，有人不计成本，对自己的“爱人”或子女，倾其所有鞠躬尽瘁死而后已。前两种人看起来精于算计，唯独忽略了“人情”这项无形资产，后一种人连应有的“固定资产”都消耗殆尽，何以维持基本生存?

2. 痛苦留自己，幸福给爱人

爱需要惊心动魄的呵护，你若真爱他，就将痛苦留给自己，把幸福给予对方。

有一对夫妻，丈夫是乡里一所中学的民办教师，老婆是地道的农妇，结婚30年，吵了30年，争争吵吵中生了五个娃。10多年前，老婆听不少人讲她男人可能与学校的一个女教师有男女关系，于是就哭着躺在学校的操场上从上午到半夜……

一年前，丈夫被查出得了白血病，丈夫拿出两千块钱用于治病，住进医院没几天，这两千块钱就花完了。再向丈夫要钱治病，可他却说没有钱了，家中就这么点钱。这下子可把一家人激怒了，被激怒的不仅仅是他老婆，还包括他的子女。一家人都确信他的钱花在了与他相好的女教师的身上。因为这个家一直是他掌握着经济大权，除了每月工资，他还帮人家补课、带家教，他本人不抽烟、不喝酒、不赌博，也没有一件像样的衣服；老婆也是属于辛辛苦苦挣钱、老老实实过日子的女人，炒菜油都舍不得放多……

但任凭家人怎样猜疑、指责乃至出言不逊，他从不辩解，只是说，没有钱就不用治了。这个病是治不好的，拿钱也是打水漂……

男人终于走到生命的尽头。在弥留之际，他叫身边子女都出去，说有话要对他们的母亲讲。子女们疑惑地走出门后，他抓住老婆的手，要老婆把箱子底下一本书里一个信封拿出来。拿出后，只见里面是一个两万元的存折和一份遗嘱，上面写着“这两万元是留给×××(老婆名)的，任何人不得动用。”

他对老婆吃力地嗫嚅道：“你不懂，我这病是治不好的，治到最后只能是人财两空……这钱是往水里丢……你没有劳保，手里有几个钱心里踏实……”

老婆见此，一下子扑在丈夫身上失声痛哭起来，哭得直捶自己的胸，扯自己的头发……

3. 钻石爱情

爱情是什么，是你放得下自己的幸福，送给对方一片温暖。

一个男孩对一个女孩说：“如果我只有一碗粥，我会把一半给母亲，另一半给你。”于是女孩子喜欢上了这个男孩。

有一次村里发大水，男孩不顾一切去救女孩。别人问他为什么，男孩说：“如果她死了，我也不会独自活在这个世上。”这一年女孩20岁，男孩22岁，女孩嫁给了男孩。

闹饥荒的年月，两人只有一碗粥，他们互相谦让，都想让对方吃下去，结果这碗粥三天后发了霉。那时他们分别是40岁和42岁。当他52岁那年，因家庭成分不好被挂上牌子批斗，也已50岁的她心甘情愿地陪伴着他。她告诉他，无论有多大的苦多大的难，你是我生命中唯一的支流，我永远是你爱的源头。许多年过去了，他们成了70多岁的老人。在一次坐公共汽车时，有一位年轻人给他们让座，他们都不肯坐下而让对方站着，于是两个人紧紧靠在一起抓着扶手。这时车上所有的人都被这美丽而朴素的风景感染了，齐刷刷地站了起来，充满无限敬意的眼睛，仿佛看到他们心中的玫瑰花正在盛开，醉人的温馨里浸润着浓浓的恋意……

爱情是什么？在携身同行的道路上，不管风风雨雨，相互勉励与祝福，共同承受生活中的痛苦与磨难、幸福与快乐，一生一世，这就是爱情，永恒的爱情，弥足珍贵的钻石爱情。

4. 心中的玫瑰

玫瑰再美终究是要凋谢的，更何况不浇水不施肥，只有你学会选择，舍得放弃，爱情之花才会永远留在心中。

曾经有个男孩种了一株玫瑰，放在向阳的窗台上，那是他和一个女孩一起去买的种子和花盆。男孩总是对女孩说："你在我的心中永远是最美好的，我要种出最美的玫瑰花送给你。"

女孩总是微笑地看着他，看他用专注的神情替玫瑰浇水施肥，看他用期待的眼神注视着眼前的盆栽。每当此时女孩总会想起，她与他第一次相见时，男孩正是用这样的神情注视着她。

日子一天天过去，在男孩用心的灌溉培育之下，玫瑰也长出了芽，生出了枝叶……

男孩迷上了上网玩游戏和BBS聊天，常和一群朋友玩在一块，几天不找女孩是常有的事，女孩越来越难找到他。女孩很担心他。

每次男孩回到家，总是会先去看看窗台上的玫瑰，看到玫瑰垂头丧气、病怏怏的，他总是心疼地责怪自己的疏忽，赶紧为它浇水施肥，日夜守护着它，希望玫瑰早日开出美丽的花朵……

一天，他惊喜地看到玫瑰长出第一个花苞，高兴地打电话给女孩，等了很久电话的女孩，开心地听他用兴奋的语气说着："很快我就可以送你一束我亲手种的玫瑰了！"

男孩依然成日成夜的去玩，在家的时间越来越少，一天，当他回到家，低垂的玫瑰知道主人回来了而微微地抬起头，可是男孩太累了，倒在床上就进入了梦乡，第二天又匆忙地出门去。

许久未见到男孩的女孩，终于来到男孩的家。她看到干枯的玫瑰却仍残留着一片花瓣，似乎不放弃地在等着她，也许玫瑰也知道它的主人曾经那样用爱去灌溉它，就是为了让女孩能看到美丽的玫瑰绽放。

女孩看到地上有一张相片，是她灿烂地笑着，是自己曾常有的笑容。女孩看着奄奄一息的玫瑰再看看镜中憔悴的自己，不禁滴下了一滴眼泪，而残存的最后一片花瓣也在此时落下。

回到家的男孩着急地奔向窗台，却看到原本放置玫瑰的地方放着一盆仙人掌，还有一张字条。上面是女孩秀丽的笔迹：我走了！送你一株仙人掌，它不用时时地浇水与照顾，但是不管多耐旱的植物，也会有枯死的一天。

男孩终于醒悟，他一直把女孩温柔的等待视为理所当然，却忘了她毕竟不是一株仙人掌。而此时他只能喃喃地说："你是我心中永远的玫瑰花。"

5. 爱情丝瓜汤

爱情就像做汤时加盐，要学会选择，舍得放弃，汤才会由最初淡淡的清鲜逐渐地到了鲜浓，需要的只是不断加入用心调制的佐料。

小城很小，小得让人无法把它与“城”字连在一起。女孩大学毕业后在小城当了一名中学教师，整天忙着备课、讲课、批改作业，一直工作到很晚。

女孩很喜欢小城所特有的那份宁静，初到小城的时候她竟不敢相信会有如此宁静的地方。女孩就是在这份宁静中有了男友，男孩在小城仅有的一家报社当编辑，属于那种有点文静的人。

女孩和男孩的相识是在小城一个很小的餐馆中。

那天女孩要了份很久没能品尝的炒丝瓜，没想到坐在女孩对面的男孩也事先要了炒丝瓜。女孩望了眼男孩，男孩笑笑说，我打小就爱吃炒丝瓜。女孩听后也笑笑说，我也一样。

也许是那家餐馆的菜炒得很好，或是因为女孩碰上了喜欢吃丝瓜的男孩，那顿饭女孩吃得特别香。

女孩以后去那家餐馆吃饭，每次都能碰见那个同样爱吃丝瓜的男孩。女孩发觉自己竟不知不觉中爱上了文静的男孩。

女孩在特别想男孩时就会去那个小餐馆，忘情地要两份炒丝瓜，呆呆地发愣。男孩每每就会在这时出现在女孩面前，原来男孩也特别想念女孩。

于是，黄昏后的小城，便多了一对相互依偎的恋人。

后来女孩带了毕业班学生，很难抽出时间去那家小餐馆。男孩便有空就跑去陪女孩批改作业、备课，一直到女孩熄了灯休息。

一天，男孩比平常晚了好长时间到学校，手里提着罐热乎乎的丝瓜汤。女孩激动得眼泪直打转。女孩急不可耐地尝了一口又一口，丝瓜汤的味道很鲜很美，女孩在喝完了最后一口时才想到自己的失态。

看着女孩贪婪的吃相，男孩说："第一次做可能味道不好。"

"汤很好喝。"女孩极为开心地说。

以后，男孩每次来都忘不了带一罐美味丝瓜汤。

后来女孩和男孩有了自己的小家庭，他们总会在有丝瓜的季节，给饭桌上添一碗鲜美的丝瓜汤。男孩和女孩叫它做"爱情丝瓜汤"。

6. 爱是一盏灯

选择你的爱，记住守在家里的妻子；舍弃你的情，忘记守在门外的情人。妻子是在黑暗中照亮回家的一盏灯，而情人正是这黑暗的夜晚。

他和她结婚时家徒四壁，除了一处栖身之所外，连床都是借来的，更不用说其他的家具了。然而她却倾尽所有买了一盏漂亮的灯挂在屋子正中。他问她为什么要花这么多钱去买一盏奢侈的灯，她笑笑说："明亮的灯可以照出明亮的前程。”他不以为然，笑她轻信一些无稽之谈。

渐渐地，日子好过了。两人搬到了新居，她却不舍得扔掉那一盏灯，小心地用纸包好，收藏起来。

不久，他辞职下海，在商场中搏杀一番后赢得千万财富。像所有有钱的男人一样，他招聘了个漂亮的女秘书，很快女秘书就成了他的情人。他开始以各种借口外出，后来干脆无须解释就夜不归宿了。她劝他，以各种方式挽留他，均无济于事。

这一天是他的生日，妻子告诉他无论如何也要回家过生日。他答应着，却想起漂亮情人的要求。最后他决定先去情人处过生日再回家过一次。

情人的生日礼物是一条精致的领带。他随手放到一边，这东西他早已拥有太多。半夜时分他才想起妻子的叮嘱，忙急匆匆赶回家。

远远看见寂静黑暗的楼房里有一处明亮如白昼，他看出来正是自己的家，一种遥远而亲切的感觉在心中升起。当初她就是这样夜夜亮着灯等他归来的。

推开门，她正泪流满面地坐在丰盛的餐桌旁，没有丝毫倦意。见他归来，她不喜不怒，只说：“菜凉了，我去再热一下。”

他没有制止她，因为他知道她的一片苦心。当一切准备就绪之后，她拿出一个纸盒送给他，是生日礼物。他打开，是一盏精致的灯。她流着泪说：“那时候家里穷，我买一盏好灯是为了照亮你回家的路；现在我送你一盏灯是想告诉你，我希望你仍然是我心中的明灯，可以一直明亮到我生命的结束。”

他终于动容，一个女人送一盏灯给自己的男人，应该包含着多少寄托与企盼！而他，愧对这盏明亮的灯。

他最终回到了她的身边。因为他已明白这盏灯所发出的光，不管它能否照亮他的前程，但它一定能照亮一个男人归家的路。这盏灯所发出的光是一个女人从心底深处用一生的爱点燃的。

7. 夫妻难得是糊涂

夫妻相处要学会选择大度，舍得放弃认真。

郑板桥先生有句千古流传的名言“难得糊涂”。本意是说，人到世上走一遭，在一些小是小非面前，在一些鸡毛蒜皮事面前，睁一只眼、闭一只眼地不较真，糊涂点，才会善莫大焉，才不会因小失大。正是由于有些人做不到这一点，所以糊涂才显得难能可贵。

其实，在婚恋领域里，在夫妻相处中，只要不是方向问题、原则问题或伤筋动骨的本质问题，糊涂地面对相互间的小矛盾与小摩擦不仅难能可贵，而且还是不可或缺的一门婚姻艺术，对于密切夫妻情感、提升婚姻质量、打造家庭和谐尤为重要。

同在一个屋檐下，同在一座围城中，朝相见、晚相伴、长厮守，再和睦、再恩爱的夫妻，也难免有摩擦、有矛盾，也会有“舌头碰到牙齿”的时候，在这种“家常便饭”面前，太认真了，太较真了，非得咄咄逼人地辩出个你对我错，争出个你高我低来不可，只能使“战事”升级，小事变大；久而久之，难免会“仇恨人心要发芽”，使稳固的婚姻发生裂痕，使无间的情感产生距离。

学会把夫妻难得是糊涂的婚姻艺术得心应手地运用到婚姻生活中，是一种机敏，一种理智。妻子发火了，丈夫嬉皮笑脸地装回“糊涂虫”，绝不与她争辩，妻子则会很快地冷静下来，甚或理智地反思自己；丈夫做错了一件小事，妻子胸怀大度地装糊涂根本没有当回事，更没有河东狮吼兴师问罪，丈夫则会很感动，感动之余反倒会检点自己……这种糊涂，是对夫妻情感的一种真心呵护，是对提升婚姻质量的一种保证，也是心与心的一种互动与靠拢。

为人处世少不了难得糊涂，居家过日子夫妻间糊涂更难得。这种盈满爱意的糊涂，需要用真诚去灌溉，用理解去培育，用谦让去营造，用大度去奠基，以小家的长治久安为目的。

8. 爱如白纸

爱如白纸，多注意大的白底，忽略其上的一些黑点。因为，如果爱对方，就应学会包容。

有一位婚后不久的女子，她回到娘家总爱在父母面前诉说丈夫的不是，历数他的缺点。父亲听了不以为然，他拿出一张白纸，在上面画了一个点，然后他拿着纸问女儿："你看上面是什么？"女儿不假思索地说："黑点。"父亲再问，女儿又说："是黑点啊。"父亲说道："难道除了黑点，你就看不到这一大块白纸吗？"女儿听了若有所思，她明白了。从此以后，她不再在爹娘面前数落自己丈夫，两口子的感情也比以前好多了。

其实，人无完人，金无足赤，人非圣贤，孰能无过？明白了这一点，我们不妨改变一下自己的认识，事物都有正反两方面。如果你只注意黑点，那么你眼中就是一个黑色的世界；如果你注意的是白纸，那你就有一个洁白、宁静的心境。很多人无法走出这个怪圈，他只注意到事物的某一方面，而把另一方面忽视了。冷静地想一想，其实自己的丈夫、妻子除了一些缺点以外，还有许多优点呢。

9. 心灵共鸣

男女爱情之间，去除华丽的包装、甜蜜的词藻之后，能够和血肉相搏的，只有“心灵”的能量。

不论是朋友、师生、情人或夫妻之间，两个心灵能量旗鼓相当的人，才能撞击出“等量齐观”的人生视野。也唯有这种心灵契合的相处方式，彼此才能在日常生活中，言之有物、食之有味，双双得意尽欢。

交朋友，讲的是“气味相投”；论婚姻，重的是“门当户对”。这些老掉牙的观念，其实可以给予新的解释，指的是彼此的价值观相近。

以下的场景，曾经活生生地出现在国家级的音乐厅里。一位优雅的女性正陶醉于舞台上名家演奏的大提琴乐声中，这是她盼了好久、求了好久才实现的梦。

从小她就有一个浪漫的小小心愿，希望和她心爱的人共度一个充满由大提琴流泄悠扬情感的夜晚。于是，结婚后她恳求新婚丈夫陪她去听一场大提琴演奏的音乐会。

出门前，百般不情愿的他说：“到时候，我睡着了，你可不要怪我！”事情果然如他所料，演奏会才开始二十分钟，当大家渐渐进入琴声时而厚沉、时而激昂的情绪中时，会场上却传出震耳的鼾声，正来自她座位身旁的那位穿着体面的丈夫的口鼻共鸣。

此刻的她，泪流满面。并非为了悠扬的大提琴乐声，而是因为自己的孤单。一桩郎“财”女貌、羡煞鸳鸯的婚姻里，竟是孤独到连一场梦想已久的大提琴演奏会都得不到丈夫的共鸣。

他不能体会这场大提琴演奏会对她的意义；或是他明白这个意义，但因为不完全认同，所以答应得十分勉强。“一场大提琴演奏会而已，跟我爱不爱你又有什么关系？”你瞧，价值观的差异，很可怕吧！

心有余而力不足，也许可以被体谅。但二人世界中最大的遗憾，莫过于力有余而心不足。你我心中都有一座心灵能量的发电厂。心灵不同的体质，产生等级不同的能量。只有心灵上旗鼓相当的男女共处，才能发展出加乘的能量，否则相互耗尽能量，将彼此毁灭。这恐怕就是“门不当、户不对”的现代诠译吧。

10. 黑暗的意境

纯洁的爱情，应舍得放弃任何污点。

见过她的人，都说她长得美。可惜她与丈夫都是盲人。但他们生活得很幸福，夫妻恩爱有加，心心相印，在无光的世界里寻找着人生的亮点。温馨的生活像一条透澈的小溪，在夫妻间静静地流淌。终于有一天，小溪泛起了微澜。

这天傍晚，丈夫像喝多了酒，进门便高声喊："我快要摆脱黑暗了，医生说我复明有望！"

盲女高兴极了，她动情地分享着丈夫的喜悦。"到那时，我会带你满世界游个够。"

盲女听着听着，脸上的喜悦渐渐消失了。

次日，她找到那位医生，落实丈夫所言。医生问："你希望丈夫复明吗？"盲女点点头。医生提醒说："据我所知，在众多盲夫妻中，若一方复明，极可能会抛弃对方，你是否想过这一点？"

盲女说："即使真的出现那种情况，我也无悔。只要他能够复明，我自己宁愿独守漆黑的世界。"

医生感叹不已，但又不得不告诉盲女，她的丈夫无丝毫复明的希望。当时由于怕伤其心，才未讲明实情。

盲女压根儿不愿接受这个现实。丈夫是个血性男儿，刚刚燃起的复明之火瞬间熄灭，他一定会绝望得发疯。她恳求医生永远向丈夫隐瞒实情，以慰藉他那颗渴望复明的心。

医生被盲女的诚心所打动，答应了她的请求。这时，医生突然发现盲女的瞳孔中有亮点闪动，这是复明的先兆。"啊，小姐的眼睛倒是复明有望。"医生检查后惊喜地告诉盲女，只要认真接受治疗，复明指日可待。

盲女喜出望外，兴奋得两手发抖，但她很快又冷静下来：自己一旦复明，不就会像别的女人一样，在大街上左顾右盼，用眼光亲吻满世界的俊男。自己能够抵挡得住诱惑吗？或许有一天，自己可能会背叛丈夫，成为他人之妻。把丈夫一个人留在无奈的漆黑世界里，岂不是太残酷、太无情了！

盲女回到家里，没有遵医嘱用药水点眼，也没有如约接受治疗。她让复明之火在时光的默默流逝中自行泯灭。

丈夫渴望复明，情绪一直处于亢奋状态中，他常向妻子描绘想象中的未来。盲女总是很认真地听，有时还与丈夫一起想象，一起描绘。他俩依恋如初，甜蜜依旧，在无光的意境中构筑着独特的二人世界。

11. 少敲了一下门

人生有很多错误，有时因固执地坚持了不该坚持的，有时因轻易放弃了不该放弃的。

他们在大学读书时曾经是一对恋人，后来因为一个现在看起来是微不足道的小事闹翻了。毕业后他们天各一方，各自走过了一条坎坷的人生旅途。他们的婚姻都不太美满，所以时时怀念年轻时的那段恋情。如今白发爬上了他们的额头，一个偶然的机会，他们又相聚了。

他问她："那天晚上我来敲你的门，你为什么不开门？"

她说："我在门后等你。"

"等我？等我干什么？"

"我要等你敲第10下才开门——可你只敲了9下。"

他们都为这事后悔。她后悔自己过于执拗，她完全可以在他敲第9下的时候把门打开，或者在他离去时把他叫回来，这样她已经很有面子了。为什么非要坚持等那第10下不可呢？

他呢，几十年之后如梦初醒：原来那扇门并没有关死呀！可他为什么不继续敲下去呢？只要多敲一下，一切就会完全不一样！

如果你想让外面的那个人进来，就及时把门打开吧！如果你觉得门内的那个人是值得你去追求的，就执著地敲她的门吧，直到把门敲开，或直到确认那扇门是无法开启的。

12. 不需要任何婚姻理论

也许有关婚姻的任何学说，只能作为参考，而不能轻易付诸实施。

他俩又吵架了，结婚3年来，这到底是第几次，谁也不记得了。

从第一次吵架，菲菲心里就隐约闪现过“离婚”两个字。只是她听说，幸福之家是吵架声比邻居低一些的家庭，因此才没把这点小别扭放在心上。

可这一次不一样，菲菲已经找到了离婚的根据。那天晚上，他俩开始吵架后的冷战，在咬牙切齿和无所适从中，她从床上摸起一本杂志，发现上面有这么一句话：专家说，一栋因地基没打牢而出现裂痕的房子，你是修补还是拆掉？一桩有裂痕的婚姻，你是维持还是摧毁？修补濒于破裂的婚姻，比摧毁它要困难得多。

菲菲恍然大悟：危房确实是需要拆除而不是用来住的。

不知过了多久，他俩又吵架了，这次她把“离婚”二字明明白白地提了出来，并且很坚决地到法院递了诉状，因为这桩婚姻已是一栋“危房”。

在等待判决的日子里，菲菲百无聊赖。别人下班回家，她在办公室翻报纸，从报纸上看到一段话：专家说，婚姻是一件瓷器，做起来很困难，打碎很容易，然而收拾好满地的碎片却是件不易的事。

菲菲的心好像被鞭子轻轻地抽了一下，在婚后的3年里，丈夫的习性、嗓音和喜好，都已深深地烙在心中。如果分离，这些记忆的碎片她该如何清理？

菲菲一下子糊涂了，她真不知危房理论和瓷器学说哪一个更正确。第二天，她悄悄地跑到法院把离婚诉状要了回来，她要想清楚再说。

菲菲几乎被这些理论弄糊涂了。当她不由自主地走回家时，丈夫已虚门等待她，她倒在丈夫怀里，什么话也不想说，任泪水肆意地流淌。第二天，她就把剪的报纸连同那本杂志扔进了垃圾箱，她觉得自己已不需要任何婚姻理论了。

13. 钥匙大战

婚姻的维护需要彼此拿出信任、坦诚，与对方沟通才能持久，如果心中舍不得放弃这一死结，仅因一段小小的误解就结束美满的婚姻会让人悔恨不已。

小张和阿芳结婚4年了。4年来，他们经常为一些鸡毛蒜皮的小事吵吵闹闹。

这天阿芳回娘家，小张下班回来发现钥匙弄丢了，进不了门。他费尽周折，最后才在邻居那里“借”来一个特别瘦小的孩子，让孩子从防盗窗的空隙钻进去，打开房门。

小张知道抽屉里还有一把备用的钥匙，他拉开抽屉，可钥匙却不见了。等妻子回来，小张就问："阿芳，抽屉里的钥匙呢？"阿芳不高兴地说："我把钥匙给我父亲了。怎么，这你也要管？怕我父亲开门来偷东西？你放心吧，我父亲不是贼。"小张本来想告诉妻子，说自己今天丢失了钥匙，可听到妻子一开口火气就这么大，他就懒得说了。

阿芳的嘴却不懒，她爱说话。阿芳把小张追问钥匙的事告诉了母亲。阿芳的母亲赶紧对丈夫说："老头子，你快点把钥匙还给小张。万一他家里丢了什么东西，你跳进黄河也洗不清。"阿芳的父亲生气地说："我要他的钥匙，是为了送米给他的时候方便进门，谁偷他的东西啦？"老人种有几亩田，常常送米给女婿。

阿芳的父亲终于把钥匙还给了小张。从此以后，他不再送米给女婿了。

阿芳的父亲愤愤不平，一见到熟人就把他送米给女婿反而被女婿当做贼的事讲一遍，讲完后，总是叹气说："唉，我真是瞎了眼，把女儿嫁给这么缺德的人。"

不久，阿芳父亲的话传到了小张的耳朵里，他气呼呼地质问岳父："你怎么骂我缺德？"阿芳的父亲说："你就是缺德，我当初让阿芳嫁给你真是瞎了眼！"小张说："嫁错可以离婚嘛！"阿芳的父亲说："离就离！"

阿芳却不想离婚，她拉住小张的衣袖说："如果你改正，我愿意跟你过一辈子，你快向老爸认个错吧。"小张说："你们把污水泼在我身上，还要我认错，岂有此理？"阿芳生气地说："你不要抵赖了，现在谁不知道你把我父亲当做贼？"小张说："算了算了，我怕你，我走。"

离了婚后，小张和阿芳才细想：到底为什么离婚呢？好像只为一把钥匙，又好像为了很多。

14. 把握爱情

其实爱情无需刻意去把握。往往想抓牢自己的爱情而丢失自我，失去原则，失去彼此之间的宽容和谅解，爱情也会因此而失去往日的光环。

一个即将出嫁的女孩，向她的母亲提了一个问题：“妈妈，婚后我该怎样把握爱情呢？”

母亲听了女儿的问话，温情地笑了笑，然后慢慢地蹲下，从地上捧起一把沙子送到女儿面前。

女孩发现那捧沙子在母亲的手里，圆圆满满的，没有一点流失，没有一点撒落。

接着母亲用力将双手握紧，沙子立刻从母亲的指缝间泻落下来。待母亲再把手张开时，原来那捧沙子已所剩无几，其团团圆圆的形状也早已被压得扁扁的，毫无美感可言。

女孩望着母亲手中的沙子，领悟似地点点头。

15. 自欺欺人的“夫人”

请你自己学会珍爱自己，学会一点点自私，因为只有你自己才能创造爱情的幸福。

爱爱一直被大家视为幸运儿：找了一个帅哥，一个被众姐妹羡慕的白马王子。但那仅是白天的戏，当夜晚来临，她就得扮演披头散发的女奴。

丈夫比自己小3岁，家庭背景体面，又在外资企业做主管，风度翩翩。但实际上，这个男主角外壳坚硬，善于虚张声势，而内心却很自卑，不知是否因为“性”心不足，而诱发信心的减分。

可是，这个在外被大家“宠”坏的长不大的孩子，占有欲又极强。于是，便借一次又一次对妻子的征服、欺凌、虐待，来确定自己的权威与魄力。

在这桩外人叫好、当事人心酸的婚姻里，男主角不想承担什么责任，也害怕责任；可他又要耍家长威风，最变态的，便是几乎夜夜都要打爱爱出气。

而更可悲的是，女主角爱爱居然忍了近10年。她总以为他还小，耍小孩子脾气，忍一些时日，他会浪子回头的。

她在做梦。这种人格不成熟的男人，或许只适合谈恋爱，却不适合做丈夫和父亲。每次丈夫动粗时，爱爱只苦苦哀求，别打她的脸就好，因为那会被别人看到，那很丢人！

总以为哀兵政策会软化他冷酷的心，总以为他会长大，不再分裂成白天与夜晚两种截然不同的角色。但，这是痴心妄想！

或许，爱神真的是个瞎子。他只负责给你冲动、感动、激动，他只诱发你幻想、变傻、变痴，然后只见树木、不见森林……他让当局者迷失方向，情不自禁，却又不自知、不觉醒，赔了青春之后，才发现一切已晚了，只好忍着，以为太阳下山了，还有星星会缀补那颗受伤的心……

幸福如同穿鞋，是否舒服，只有自己知道。也许它不精彩，但是如此真实；也许它“体面”、“光荣”，却只有身陷其中的你，才真正体会到“败絮”的无奈。

16. 守住生死相依

选择爱情中的海誓山盟，守住你的诺言到生死相依，这样的爱情永远伟大。

一对老夫妻回老家探亲，途中遭遇了轮船底舱起火即将爆炸沉船的险情。面对船长毅然下达地穿上救生衣、跳至橡皮筏上逃生的命令，体弱多病的老头对老伴儿说：“我有病在身跳不了船，你就不要管我了，赶快逃生吧。”老伴儿说：“我一个人逃就是活下来又有什么意思？我绝不能把你扔在船上，我就守着你，咱们要死就死在一起。”老头说：“这怎么行？一辈子你跟着我没享多少福，到了这生死攸关的时候我不能拖累了你。”老伴儿说：“没有你了我活着还有什么意思？跟着你无论是死是活那都是福。”

于是，这艘轮船上120多名乘客中唯一一对没有跳船的老夫妻，面对如潮的人们纷纷跳海逃生的情景，只手拉着手紧紧依偎着平静沉稳地迎接即将到来的不幸。也许是被他们忠贞不渝的情感感动了，一副终于寻到的软梯为他们搭就了一条通向生还的路。他们相扶着用相互给予的爱支撑着彼此，奇迹般地迈过了这道求生的门坎儿。事后，老头感激地说："如果没有老伴儿陪着我，我是无论如何都活不下来的，是老伴帮我捡回了这条老命。"老伴儿淡淡地说："这有什么，我可不是发扬什么风格，两口子就应该同甘共苦相依为命啊！"

17. 让爱做主

自始至终地爱一个人需要勇气，尤其是当对方移情别恋时，更要学会选择，舍得放弃，因为这种爱，充满了温暖和力量，亘古不变。

男人非常爱他的老婆。但男人有些粗心，当察觉老婆移情别恋时，老婆已决心要嫁给别人，只等与他摊牌离婚了。

男人有点儿措手不及，想听听旁人的意见。

一起长大的那帮小兄弟得知此事全都愤愤不平。少年时代，男人是小兄弟中威信最高的一个。他们看着他恋爱、结婚，当初他们还嫌那黄毛小丫头配不上他呢，没料她现在反倒过来要蹬了他，这口气哪能咽得下。"离婚？有那么容易吗？这不便宜了她？""这样的女人，要好好教训她！""她竟敢背叛你，凭你的条件，也找个女人气气她。"

比起来，大学同学和现在的同事要知书达理些，观念当然也新得多。他们公认他的老婆是个聪慧的丽人。“你要是真爱她，不妨成全她。她一定会在心里感激你，珍藏你们曾有的感情，说不定还会后悔与你分手。”“天涯何处无芳草，凭你的条件，好女孩招之即来。”……

他是个明白人。他知道前者是千年流传的老观念，但由着性子他真想这样做，做它个扬眉吐气；他知道后者是时下流行的新观念，以自己一贯的处事方式应该这样做，潇洒道一声再见，生活重新展开。那么他最后究竟是怎么做的呢？他没有教训她，他不忍；他也没有让她走，他不舍。

小兄弟们骂他缺少气概，他说“是的是的”；同学同事说他缺少气度，他说“是的是的”。他觉得爱需要拿得起放得下，爱一个人就是要对方得到幸福，她在自己的心里面，没有东西可以替代，无论发生什么变故，也是如此。他将这番意思告诉她，她立刻决定留下来。留下来是因为她忽然懂得，这样的男人的爱也是无可替代的。

后来他想，自己这回没按老观念也没按新观念行事，实在是因为真爱她。爱的观念，无新老之说，亘古不变。

18. 爱的盼望

“亲爱的”三个字很短也很容易写出，但真爱是永远不会拒绝它的存在的。

有一个英国人到瑞士出差，办完事后，打算尽快起程回家，可他到邮局给妻子发电报时，身上的钱已花得差不多了。于是他把拟好的电报交给营业员小姐，请她算算价。小姐算算字数并报了价，他发现身上的钱不够了，就说："请把电文中'亲爱的'三个字去掉，钱就够了。"不料，小姐笑起来说："不，这三个字无论如何不能去掉，妻子最盼望的就是这三个字，请不必为难，这钱我代您出。"

故事不长，却很感人。简单的三个字"亲爱的"，正是维系无数幸福家庭的纽带。

19. 乞丐的爱情

爱需要用心去获得，而不是用计谋去骗取。

某年某月的某一天，天下着倾盆大雨，两个结伴行乞的穷困青年饿得不行了，倒在大街上动弹不得。路人纷纷赶路，绕开他俩视而不见。这时，一位十分美丽的年轻女医生拿着伞走了过来，驻足他俩身边，并一直将伞置于他俩的上方直至雨停，其后又买来食品让他俩吃下。天使般的女医生有一个美丽动人的名字：露丝。

露丝的举动令两个乞丐万分感动，他俩同时爱上了她。为了得到这份爱，他俩展开了默默的竞争。

第一位乞丐深情地问过露丝："小姐，能告诉我你的男友在从事什么职业吗？""哦，对不起，我没有男朋友。""那你希望你未来的男朋友是做什么的呢？""有意思。他最好是位名医师吧。"

一天，第二位乞丐也跑去向露丝坦言表白：“小姐，我爱你！”“对不起，我不会爱上一个不讲卫生的人。”次日，这位乞丐洗漱干净穿上一身新衣服跑去对露丝说：“小姐，我爱你！”“对不起，我不会爱上一个没钱的人。”过了一段日子，这位乞丐兴高采烈地跑去对露丝说：“亲爱的，我买的彩票中了头奖，五百万！这下我能得到你的爱情了！”不料姑娘还是平静地说：“对不起，你不是医生，或许我只会爱上一位医生。”

几年后，当年的第二位乞丐竟神奇地以医师的身份又来到了露丝面前：“亲爱的，我想现在你可以嫁给我了。”“很抱歉，我已经嫁人了。”说罢，露丝挽着她身边的丈夫走进了医院的大门。第二位乞丐定睛一看，差点儿没昏了过去。原来，女医生挽着的人正是当年与他搭伴行乞饿倒街头的第一位乞丐——而今他已是这家全市最大医院的院长，也是全市最有名的外科主治医师。第二位乞丐不服气，于是便气势汹汹地跑过去问第一位乞丐：“你到底使用了什么魔法？”

“我用的是心，你用的是计谋；我的心始终是朝着一个方向，而你过于急功近利，眼睛里总是装着贪婪。”

这句话恐怕不仅仅只是一个浪漫爱情故事的结尾。

成功垂青于人用心去生活的人们。其实，人的一生，何止爱情的竞争才如此？

20. 爱的忠诚

爱需要深情、忠诚和尊重的共同浇灌。保留一份自尊给深爱你的人，你会有一份意外的惊喜。

女孩是一户殷实富足人家的千金，似水的明眸，如云的秀发，窈窕而丰满的身段，是一个人见人爱的妙龄女子。

男孩是一个地地道道的打工仔，挺拔壮实，有棱有角，散发着阳刚之气。

女孩与男孩在都市邂逅坠入情网。拍拖三年后，进入了谈婚论嫁阶段。女孩的父母并不嫌弃男孩出生卑微家境贫寒，但他们要确保万无一失地找一个百分之百忠诚的女婿。为此要求男孩必须在女孩闺房阁楼下静坐求婚100天，届满后就将掌上明珠许配给他。

男孩于是每天搬着木凳在楼下虔诚静坐。暴雨淋透了他的全身，雪花染白了他的头发，他日复一日为爱而守候。

只有一天就到期了，女孩轻挑窗帘，偷窥那三个多月为她守候的白马王子。她惊讶地发现，那个“忠诚的骑士”缓缓地直起身，拿起木凳，若无其事地走了。女孩顿时昏倒。

“他可能记错日子了。”女孩的父母惋惜地说。

“他一定是患病支持不住到医院去了。”女孩流着泪替男孩辩护。

“都不是。”男孩后来在给女孩的信中说：“对于爱情和婚姻，我能保证99%的深情与忠诚，但我必须给自己保留一分自尊。”

21. 发火先烧自己

要舍得放弃你的怨气，选择你的爱情。如果发火，不仅会毁灭爱情，更会烧伤自己。

这天晚上，丈夫在外喝了酒回来，她上前去向他要当月的工资。他给了她100元钱，可她嫌不够，她要买油、买面、买菜，又要给孩子看病，而她身上除了他刚给的这100元钱以外，就分文没有了。她再向他要，他不给，往床上一歪就呼呼熟睡了过去。她趁他熟睡的时候，悄悄翻了他的口袋，将钱全部拿了出来。

她不愿让他掌管钱财，他老爱喝酒。他醒来，发现口袋空了，明白了一切。他向她要钱，她不给，两人因此吵了起来，进而打了起来。他打得她好狠哪，鼻青脸肿的。

钱又被他夺了去。她躺在冰凉的地上抽泣，他不理她，又昏昏睡去。她忍着疼痛爬起来在床上躺下，然而一夜不曾入眠。第二天，她没能起床，没能上班，在床上躺了一天，他饿了一天。

她哭了，她委屈极了，当初为什么要爱他？怎么会跟他结婚？

然而，女人总归是女人。虽然是弱者，却是忠诚者，一旦她跟上了谁，再苦再累她也会跟着他。

“你打人，没有打心。你要打破心，我饶不了你。”她哭泣着说，有点语无伦次。虽然口气有点硬，可她毕竟是先说话了，她的意思是她的身体受到了伤害，心却还没有受伤，她可以原谅他，只要他不再这样无情无义地对待她。

“饶不了我？哼！你有哥吗？你有弟吗？你报复不了我。”这就是丈夫的话，恶毒之极。

丈夫又昏然睡去。

她肚子饿，只好自己起来烧水做饭，烧了一锅水，她望着炉火出神。

水开了，扑扑地响。

她没有听见，也没有看见。她想着自己的痛苦，自己的不幸：

他打自己，打得那么狠，他还说自己报复不了他。是的，自己没有哥哥，没有弟弟，娘家只有几个弱小的妹妹，没有人有力量能替她出气的，可自己就真的报不了仇吗？自己太软弱了，他先前就常动手打人的，日后还会动手打人的，自己就只有受气挨打，只有默默垂泪的日子吗？

渐渐在沉思之中燃烧起了复仇之火。于是她端起了那锅滚烫的开水，泼向熟睡的丈夫的脸。

最后，她被判了刑。

恋人、夫妻间出现矛盾，冲突时，要善于冷静处理，用理智来思考问题。否则，将酿出悲剧的苦果。

22. 再加两个苹果

孩子是未开发的金矿，多给一点爱，多给一点赞扬，世上可能会多几个伟大的人物。

一位小学老师在谈到教学经验时，说起他怎么管好一班小学生的秘诀。他的学生在低年级的时候遇到一个非常严格的老师，给学生的作业很多，而给学生的评价却很低。在这位老师的笔下，很少有学生可以得到甲，得到乙已经很不错，有许多学生拿到丙丁，使得学生的家长对自己的孩子都不能谅解，学生对学习也渐渐失去了信心。

当这班学生升到他的班级的时候，他发现学生的学习情绪都很低落，每天的功课也只是勉强交差。更糟的是，学生都畏畏缩缩，一点也没有小学生那种天真的模样。

“我开始把作业的最低分数订为甲下，即使写得糟的学生都给甲下，当然好一点的就是甲了，再好一些的是甲上，写得很不错的，我给他甲上加上一个苹果，真的很用心的则给他甲上再加两个苹果。

他所谓的“苹果”，只是一个刻成“苹果”的印章盖的印记。

除此之外，每隔一段时间就发奖品，只要一个原来甲下的学生连得三个甲就给奖，依此类推。由于评分很宽，在每次发奖品的时候，几乎统统有奖，最小的奖是一张贴纸，最大的奖是一个铅笔盒。

这种甲上加上两个苹果的做法，使原来拿丙丁的学生带回去的作业簿也有甲的佳绩，学生都变得欢天喜地，家长更是开心得不得了，非常善待那些原来被认为是“顽劣的子弟”。

从此，好像变魔术一样，学生又有了开朗的笑容，天真的气色，特别是每次颁奖的时候，教室里就像节日盛会一样，所有的学生全部改头换面，成为充满自信、容光焕发的孩子。

孩子如同一张白纸，没有天生的“顽劣的子弟”，关键是看如何将“爱”撒播其心间，给些赞赏和奖励，让其知道自己存在的意义。

23. 设计的爱情

爱情是一颗天然的宝石，它需要去设计，更需要去雕琢。否则，爱情就将黯然失色。经过设计雕琢，爱情才会如宝石般光芒四射。

办公室新来了一个打字员，叫梅。她的电脑桌就在东办公桌对面，一抬头东便看见她那长发披肩优美动人的身影。

梅二十来岁，是一个性格清清爽爽的女孩子。她喜欢穿T恤和牛仔裤，喜欢笑，喜欢吃零食。

梅来到办公室还不到一个星期，便和办公室所有的人都混熟了——除了东。

东是一个性格腼腆，和女孩说不到半句话就会脸红的人。每次梅拿着零食问东吃不吃时，东都赶紧摇头摆手。碰了几次钉子之后，梅就不大理东了。

其实，东心里还是蛮希望和她说话的，但每次东坐在办公桌后悄悄看着她娇好的背景发呆被她在打字的间隙回头发现时，东都面红耳赤，不要说主动跟她讲话，就连与她那双会说话的大眼睛对视一下的勇气也没有。

有时候，东真恨自己为什么会这么胆小。越是这样想，东上班时就越喜欢走神，工作上也出现了好几次不该有的差错。

正在东不知怎么办的时候，有一天，梅的座位忽然空了，一连三天都不见她来上班，东的心里顿时不安起来，悄悄一打听，才知道她生病住院了。

晚上，东买了一束香水百合和一些水果，躲在医院门口，看见探望梅的同事们都走了，才敢走进医院。

东悄悄来到梅的病房门口，他的心怦怦直跳。鼓足勇气推开病房的门，看见病床上的梅正在安详熟睡，东这才松口气。

轻轻放下手中的东西，东呆呆看了梅一会儿。

她睡得正香，略显苍白的脸上荡漾着少女迷人的微笑。一张樱桃小嘴抿得紧紧的，似乎是在极力忍着不让自己笑出声来。

东真希望她这一刻能够忽然睁开眼睛看他一眼，但又害怕她真的醒过来。她若用她那双会说话的大眼睛看着他，他又该和她说些什么呢?

东心中忐忑不安，蹑手蹑脚地向外走去，边走边回头看她那张美丽的脸，一不小心，头碰在了玻璃门上，十分狼狈。

“嘻——”就在这时，梅忽然“扑哧”一声笑出声来。

东回头吃惊地问道：“你，你并没睡着?”

梅歪着头调皮地笑着说：“我若不假装睡着了，你还敢进来吗?”

东的脸刷地一下红到了耳根，打开门像个被抓的小偷一样逃跑了。

几天后，梅病好出院，东的心情却再也不能平静了。

东清醒地认识到自己已经无可救药地爱上了梅。而梅呢，从此以后也对东亲近多了，买零食总少不了分给他一份，还常跑到宿舍向他借小说看。

暗恋一个人实在是一件痛苦的事，好多次东都想告诉梅他喜欢她，可话到嘴边他就口吃起来，怎么也说不出来，他真恨不得打自己几耳光。

最后，东实在忍受不了，就写了一封情书，把想说的心里话全写在里面了。第二天下了班，东躲在公司门口，看见梅走出来，他二话不说便冲过去把那封揣在口袋里已被他捏得发皱的情书往她手里一塞，掉头便跑，远远地身后传来了梅莫名其妙的“喂、喂”声。

跑出好远，东的心还在怦怦直跳。

第二天晚上，梅打电话约东到公园门口说有话要对他说。

东知道有戏，兴奋得差点跳起来。哪知在公园见了面，看着身着连衣裙打扮得漂漂亮亮的梅，东一紧张，老毛病又犯了，面红耳赤，半天说不出一句话。

梅觉得又好气又好笑，让他在石凳上坐下之后，看着他说：“东，我想问问你，昨天下了班你为什么无缘无故塞给我一百元钱呢？”

“什么？”东差点跳起来，“昨、昨天我给你的是一百元钱？”

“我、我……”东又说不出话来了。真该死，怎么会在这么关键的时刻犯这种致命的错误呢？

不过一听说梅并未看到他写给她的情书，东紧张的心情顿时舒缓了不少，说话也不那么结巴了。他脑子飞快旋转，自圆其说地说：“哦——是，是这样的，我知道你刚来公司，开销可能比较大，怕你钱不够用，所以就，就……”

“就借一百元钱给我？”

“正是，正是。”

梅看着他如释重负的样子，忽然笑了起来，说：“你真是雪中送炭，我在租房住，现在正缺钱呢。你身上还有钱吗？再借我五十块好吗？”

“好！好！”他一听，赶紧掏钱。

不久后，发了工资，梅将钱还给了他。为了表示感谢，还请他看了一场电影。

一来二去，他和梅混熟了，跟她说话再也不口吃了。

几个月之后，梅就在不知不觉中成了他的女朋友。

一年后东被提升为公司部门经理，他们的婚礼也在这一天举行。

婚后，他们一直生活得很幸福。

有一天，梅在浴室洗澡，叫东帮她拿一件衣服。东打开她的衣柜，发现角落里竟藏着一本琼瑶小说，他随手一翻，从里面掉出一封信来。

东拾起一看，竟是自己几年前写给梅的那封情书。

东心里一震，冲进浴室一把抱住了梅……

爱情需要设计，设计的爱情才鲜活。

24. 加盐的咖啡

有些谎言比真话更能触动人们美好的心灵。

在我们的身边常常发生着令人为之动容的故事，也许就在你的身边。

有这么一则故事，一对年轻的男女相遇在一个舞会上。男人非常喜欢这个女人，聚会结束时，他向她发出了邀约，出于一种基本的礼貌，她并没有拒绝。

于是，男人带着她，去了一家咖啡馆小坐，两个人各点了一杯咖啡。气氛是静默的，甚至有些紧张。

这个时候，男人忽然对服务生说，“请拿一些盐过来。”

服务生和女人都为男人提出的要求而惊讶。她问，“难道是往咖啡里加盐吗？”

“是啊。”男人的回答是肯定的。

女人和身旁的服务生都笑了。多可爱的人啊，一个可爱到要往咖啡里加盐的男人，可又是那么真诚认真。

先前两个人之间，有些静默甚至紧张的气氛，骤然得以松弛，于是有了一些对话。女人还是抑制不住唇角的笑意，但她很认真也很好奇地问男人在咖啡里加盐的习惯是怎样形成的？

在咖啡馆中幽暗的光影里，男人有着微微的憨态，唇边挂着淡淡的微笑。他对面前的女人说自己从小生活在海边，是渔民的儿子，从小到大就是在咸咸的海水里嬉戏成长。长大离乡，回家的次数减少，便逐渐习惯在城市中生活时往咖啡里加盐。那种在嘴里咸咸的味道，令他常常想起小时候在故乡，海水里的盐粒粘在唇角的样子，那里面有故乡的气味。他习惯用这样的方式，来寄托在城市里的乡愁。

咖啡馆里，男人寥寥的几句话，让女人听得感怀万分。因为她一直觉得会思念故乡的男人是很顾家的男人，而这一点其实也是她找寻男友的一个必备条件之一。另一方面，她自己也是一个远离故乡多年，常常思乡的女子。

仿佛遇到了知音。在温暖的咖啡馆里，两个人谈到在故乡的点滴往事，感怀不已，两颗心的距离一下子被拉近了。那一夜，女人还破例接受了男人送她回家的请求。

恋情就此开始。于是，有了越来越多的约会。

依然常常去咖啡馆。在不同的咖啡馆里，每回在别人惊诧的目光中，女人都会温柔地对那里的服务生说，“拿点盐来，我的男朋友很喜欢往咖啡里加盐。”

女人的言语间，流露出自豪温暖的表情。有时她亲手替男人把盐加到咖啡里，看着男人一口一口地喝下，心里会暗自庆幸自己当时因为礼貌没有拒绝男人的第一次邀约，要不，就真的会错过这样一个体贴的恋人。

两年后，男人和女人如愿结婚。果然是幸福而安逸，一过就是40年。遇上这样一个男人，是女人一生里觉得自己做得最满意的一件事。

也是在这一年，男人得了一场重病，入院治疗，然而，还是在不久后离开了人世。

女人的悲伤就不必说了。

葬礼后的一个阳光很好的清晨，女人在屋内整理着男人的遗物，于是她发现了男人留给她的一封信。女人头上的白发在细细的晨风里，轻轻地飘动，然后，她颤巍巍地展开了那封信。

男人在信里对女人说——

亲爱的，请你原谅我。当你看到这封信的时候，我已经死了。而死人总是容易得到原谅的，不是吗?

我骗了你40年。

因为我从来都是一个不喜欢喝加盐的咖啡的男人。当年我们的第一次约会，静默而紧张，我心里不安，才临时想出了这样一个往咖啡里加盐的话题。

那时，我真的没有想到，我会因此而喝了40年的加盐咖啡。

这么多年以来，我一直想告诉你真相，亲爱的，你会原谅我吗?

女人拿信的手，微微地颤动，表情却是幸福而祥和的。

男人或许不会知道女人当时的心情，其实，她早已经原谅了他。

因为一次小小的谎言，一个男人为了自己心爱的女人，心甘情愿地喝了40年的加盐咖啡。即便这是一个藏了40年的谎言，可还有什么不可以原谅的呢?

他不知道，她多想告诉他自己是多么高兴和感动，有人为了她，能够做出这样的一生一世的欺骗，这就是真正的舍得放弃……

25. 善意的谎言

善意的谎言也是美丽的谎言，谎言过后，令你感觉受骗的同时，带给你的却是更多的珍惜和感动。

有爱神在身边就连死亡也会让路，神只会庇佑真心相爱的人。

有一对感情甚笃的恋人，当他俩正在幸福地忙碌着筹备婚礼时，男孩意外地被检查出患有胸腔肿瘤。这是一个令人无法面对的残酷的事实，死亡正向着他的生命逼近。

那是一个阴雨霏霏的下午，男孩痛苦地思考了许久，终于鼓足勇气对身旁的女孩说："现在，我俩还是分手吧……"女孩却坚决地朝他摇了摇头。

沉默了一会儿，女孩忽然微笑着问男孩："你说世上有没有爱神存在呢？"

男孩看着她那近似幼稚的神情，苦涩地笑着摇了摇头。

女孩却异常自信地说："我想一定有！爱神一定会庇佑我们的爱情。"说完，女孩从衣兜里掏出一枚一元的硬币，捧在手里；然后，她虔诚地闭上眼睛对男孩说："我跟爱神许五个愿，如果她同意，就让硬币的正面朝上。"

当女孩许下第一个愿，把那枚硬币撒在男孩病床旁的茶几面上时，果然正面朝上。女孩激动地对男孩说："你看，爱神已经答应我的第一个心愿了！”女孩又连抛下四次，每一次的结果都是正面朝上。男孩激动得热泪盈眶，他紧紧地抱住了女孩……

后来，男孩被确诊为良性肿瘤，手术进行得也很顺利，不久，他便恢复了健康。

在他俩的婚礼上，男孩幸福地吻了一下女孩的面颊，轻声说：“我们应该感谢爱神的庇佑。”女孩却把一枚攥得温热的一元硬币递到了男孩的手里，原来它是由两枚背对背的硬币紧紧黏合成的！

男孩把那一枚特殊的硬币贴在胸口，声音哽咽地告诉女孩：“其实，你在我面前许愿的那一刻，我就已经知道你拿着的是一枚特殊的硬币。但也就是从那一刻起，我才知道世上真的有爱神存在，她就在我们俩的心里！”

26. 两头受气

婆媳之间两代人，有矛盾就要学会选择，舍得放弃，不要让中间的儿子/丈夫受夹板气。

首先让我们来看一段丈夫心语：

“我是一个司机，结婚三年了，由于长期在外边跑运输，顾不上家。妻子带着我们才两岁的儿子和我母亲住在一起。我母亲年纪较大，身体又不好，需要有人照顾，而我跑长途三天两天或有时十天半个月不回家，照顾老人的义务就落在我妻子身上。我妻子这人很要强，也很能干，这个家里里外外都由她一个人撑着，既要照顾老人和两岁的孩子，还要种自家的责任田，很辛苦。说实在的我这个做丈夫的觉得很对不起她，有些歉疚。但话又说回来，自打结婚后没多久，特别是妻子怀孕和孩子出生后，家里时不时为一些也算不上是什么很大的事，婆媳间经常闹矛盾，争吵不休。每当我拖着疲惫的身子回到家时，就想着吃上一口家里的热乎饭，然后蒙头大睡，好好休息一下，可是当热饭端上来，还没吃几口婆媳二人都在我面前诉苦，数落对方的不是，常常是“公说公有理”、“婆说婆有理”，甚至说着就呛呛起来，又急着让我表态。我真难做，说母亲对，妻子不高兴，说我没良心，不管家，跟我吵架；说妻子对，母亲骂我，那话说多了。几乎每次回家，家里都要大小闹一回，弄得大家心里都不高兴。我简直烦透了，饭吃不好，觉睡不好，身体累，精神更累，疲惫得受不了，有时想永久不回家，眼不见心不烦。可我做不到，既是母亲的儿子，又是妻子的丈夫，还是孩子的父亲，肩上的责任和义务告诉我必须回家尽义务。但是，总受这种夹板气，我也很烦恼，应该采取什么办法来解决现状呢？”

这位男士的处境比较普遍，这种现象在许多家庭都存在，解决起来也的确有一些困难。因为问题的关键在婆媳不和，而自己和双方都有着紧密的联系，不敢偏袒任何一方，所以在两者之间不知如何是好。而婆媳关系不和或紧张是一个十分普遍又复杂的问题。造成这种现象存在有许多复杂的社会、经济、道德文化等原因。

如何解决婆媳关系的紧张局面呢？其实在某种意义上说，“解铃还需系铃人。”为什么？因为是由于儿子的婚姻，才构成了家里的婆媳关系，儿子、丈夫这种双重角色把婆婆和媳妇联系在一起。而且两者相处得好坏，在许多方面与儿子、丈夫有关系。比如，不少媳妇过门后对婆婆是服从，或躲避、疏远，其中一个重要的原因就是，婆婆是丈夫的母亲，相处不好会影响自己与丈夫的关系，得罪不起，所以面上该做的事都做到，不给人留下话柄，让丈夫高兴。就是对婆婆挑剔的媳妇，为了个人利益和尊严，与婆婆大战，也是为了打胜而获得尊严和地位，使丈夫靠近自己。而有些婆婆很开明，能容媳妇，是出于对儿子幸福的关心，即使对媳妇不满，也忍了，所做的一切都是看在儿子的面子上，一是爱儿子，二是怕失去儿子。有些婆婆对媳妇不好，是认为自己多年来与儿子的感情是心心相通的，而媳妇进门，儿子就变了，感到失落，不认为儿子感情转移是正常现象，而错以为是媳妇挑唆的结果。对媳妇存在怨恨，横挑鼻子竖挑眼，与媳妇关系搞得很僵。

作为双重角色的男主人，首先应体会到自己在家里的地位的重要性；其次是做妻子的工作；最后当然是做母亲的工作，让她一切放宽点。这样，才能使自己尽早摆脱受夹板儿气之苦。

27. 贤惠的意义

赡养双亲是应尽的责任，作为儿媳多付出一点，多一点孝心，才能体现出贤惠的意义。

照理说，孝养双亲是儿女们应尽的责任，虽然时代变迁，旧日的道德观念多已被抛弃，然而新时代的人们还不至于明显的置双亲的生活于不顾。但是赡养双亲的责任，却常在兄弟之间引起争执，这种情形，在社会上也是普遍的现象。

从赡养着老人的家庭中，最常听到媳妇们有如下的怨言：

“我先生最差劲了，情愿自己一人负起赡养父母的责任，却让兄弟们乐得逍遥，小叔小婶们的日子过得真轻松，他们大概认为侍奉公婆的事与他们毫不相干吧，看了真令人生气。我跟我丈夫说了几遍，他还数落我的不是，你看气不气人。”

的确，一般人都认为老大负起赡养父母的责任是天经地义的事，其他的儿子媳妇们，如果偶尔来探望一下或带点东西来孝敬老人家，就觉得已经尽了孝道了，这种情形也真怪不得长媳要为之愤愤不平了。

都说男人心胸较宽大，女人较狭窄，就以此种情形来说，这话大致是不错的，当丈夫对于独立赡养父母而安之若素时，多半会使妻子满腹牢骚，甚至会在夫妻间引起一场严重的争吵。

就丈夫的立场来说，赡养父母是尽孝道，至于兄弟们不肯分担赡养的责任，心中虽也不以为然，或许因为心胸较宽大，或许是因为面子问题。

就妻子的立场来说，则较客观而不带感情。站在第三者的立场来看，她认为让兄弟们提供劳力或经济方面的帮助是理所当然的，所以兄弟妯娌间的袖手旁观才会令她大为生气，况且，即使公婆留有财产，依现行的法律来看，也要兄弟姐妹们平分，又不是由长子独得，那么为什么非要由长子来负起赡养的责任呢？这是不公平的。

立场不同，想法也就不同，如果不设法加以协调的话，夫妻间的一场大吵，终究是难免的，严重的话，很可能造成夫妻间的决裂。

做丈夫的，凡事多和妻子商量，理解体谅妻子的不满和难处，和父母多沟通；做妻子的，可以做个换位思考，在能力所及范围内，权当是自己的亲生父母去孝敬，同时又可让丈夫心存感激、减少家庭矛盾，做个贤惠之妻，何乐而不为呢？

28. 你爸也是我爸

家庭的温暖需要多人抬，冷落双亲只会失去自己的良心。

张明和李艳结婚已经一年多了。自从结婚以后，家务活全部由张明承担，李艳啥也不干。这还不说，李艳还长了一个偏心眼儿，一见她的父母来，就眉开眼笑，热情款待；看到张明的父母上门，就横眉冷对，窝头咸菜桌上端。

张明看在眼里，气在心上，总想治治李艳。可是既不好动手打，又不好开口骂，况且打骂也未必能使李艳改变态度。怎么办呢？

有一天，张明的父亲从乡下来到城里，看望儿子、儿媳。老人一下车就来到张明的厂里，这下张明犯愁了：这可咋办呢？他想呀想呀，猛地想出了一个办法。

张明立即给李艳打了一个电话："喂，李艳，咱家来贵客了。""是谁呀？""是你爹也是我爹。""啊！我爹来了，这可太好了！""我们中午回家吃饭。""好。"

张明请了假，便对他父亲说："爸爸，咱们先到商场、公园去溜达溜达吧？"老头乐呵呵地说了一声"好"，父子俩就去溜达了。

再说李艳听说爹来了，乐得咧开了嘴，提起菜篮上街，烧鸡、鲤鱼、猪肉买了满满一篮，外带一瓶"千山白酒"，回家后就忙活开了。

张明和父亲溜达了一阵，张明估计李艳饭菜快做好了，便说："爸爸，时间不早了，咱们回去吃饭吧。”于是父子俩朝家中走去。

走到家门口，张明喊道：“李艳，爸爸来了。”李艳人未迎出，声音先到：“爸爸，您可来了！”推开门一看，“啊？”脸顿时变了颜色。

张明和父亲走进屋一看，好酒好菜摆了一桌子。张明说：“爸爸，来，咱们吃饭吧！您儿媳妇是带病给您做的饭菜，这不，到现在脸色还不好看呢！李艳，咱陪爸爸吃饭吧。”李艳心里火得直冒烟，又张不出口，就一扭头，说：“我不舒服，你们吃吧。”说完走进屋里，一头趴在床上。

无巧不成书，事隔十天，李艳的妈妈又来了。张明又给李艳打电话：“喂，咱家来贵客了。”李艳冷冷地问：“又是哪门子贵客？”“咱妈来了。”“谁妈？”“是你妈也是我妈。”李艳“哼”了一声，便把电话挂了。

李艳挂掉电话，心中暗说：这次非给你点颜色看看。于是，她特意到粮店买了几斤玉米面，贴上了大饼子，又切了一块萝卜疙瘩，摆上一碟已经长了白毛的大酱，专候老太太的到来。

不一会儿，门开了，张明和他丈母娘走了进来。李艳一看，高兴得从床上蹦了下来：“妈，怎么是您？”

老太太看了看桌上摆的饭菜，说：“你们不是过得挺好吗？”李艳满脸通红，支吾了半天才说：“妈，您不是说下个月来吗？怎么现在就来了？”老太太眉头一皱，说：“别提了，你弟媳拿我不当人看，整天给我吃窝头咸菜，对我总没有好脸色。我实在待不下去了，就上这儿来了。”李艳听到这里，脸更红了。她把张明拉到里间，说：“张明，我错了。往后我一定像对待我爹妈一样对待你爹妈！”张明笑了。

29. 宽容比爱更重要

宽容在婚恋中十分重要，有一些恋人、夫妻之所以分手，都和不能宽容爱人有关。宽容是婚恋中的润滑剂，可以说没有宽容就没有爱情。

入伍三年的张新探家回到县城，刚踏入家门，见父母阴沉着脸，失去了往日的笑容，人也仿佛苍老了许多。妹妹心情忧郁地站在旁边，想说什么，但看着爸爸、妈妈，欲言又止。

张新放下行李，把妹妹拉在一旁，一再追问家里发生了什么事，妹妹才吞吞吐吐地说："哥哥，你三年没有回来，素梅她……她……另有男朋友了。"

妹妹的话好似晴天霹雳，张新一下子瘫坐在椅子上，他怎么也没有想到会发生这样的事情。入伍三年来，自己哪一天不在想念她，深深的爱激励着他刻苦训练，可现在……张新心情烦躁极了，真想立即找到她问个清楚。可他还是克制着屈辱和愤怒，他深知，维系爱情的不是强暴，而是感情，真正相亲、相知、相爱的感情。他想："难道恋爱不成，就必然反目为仇、实施报复吗？难道就没有其他选择吗？"

时隔两天，在经历了一场理智与感情的激烈交战之后，张新踏入了未婚妻孔素梅的家门。顿时，孔家的气氛紧张了。张新却不怨不恨不怒，心平气和地对孔素梅说："素梅，我理解你的心情和处境，三年来，绿柳树旁，你独自徘徊，还要时常牵挂我。前一阵子发生的事情，虽然出乎我的意料，但细细想来又在情理之中。在恋爱上，你有自由选择的权利，我也不能强求。今后，有什么困难需要我帮助，尽管写信告诉我……我们还是朋友，我们毕竟真诚地相爱过。”

一晃一年时间过去了，刚刚弥合失恋创伤的张新，万万没有想到，已分手的女友素梅又来信了。信中称：“我恨自己当初为了那点可怜的虚荣心而随‘他’去广州，后悔自己当初涉世不深，真假难辨去干那肮脏下流的‘按摩’工作。现在，家里人不理我，亲友、邻居像躲瘟神似的躲着我，还有流言蜚语压得我喘不过气来。孤独、寂寞、痛苦折磨着我，与其这样活受罪，还不如死掉痛快。我对不住你，不能求得你的宽恕。在我弥留人生之际，向你表示深深的忏悔……”

张新看到这里，一种不祥的预感袭上心头。他想：她不是那种水性杨花的女人，只是经受不住大城市繁华生活的诱惑才走错了路，更何况她现在迷途知返，懂得珍惜爱情，不管作为恋人还是朋友，我都应该用高尚的情操去点燃她的人生之火。他又想：我这样做有没有必要？别人会怎么议论呢？经过反复思考，他把自己的想法告诉了部队领导。得到支持后，地心急火燎地踏上了回乡路。

家里人见到他，大吃一惊。听了他准备和素梅结婚的想法后，父亲立刻发火了：“什么？你要和她结婚，你小子也不想想，当初她是怎么待你。你不要把张家祖宗的脸丢尽了！好马不吃回头草，你要长相有长相，要能耐有能耐，又不是讨不到媳妇。”

张新得到的不是支持而是激烈的反对。

“素梅上了骗子的圈套，她是无辜的。她心灵的创伤，需要用温暖的双手和一颗火热的心去抚平，激发她对生活的信心，我不能看着她去死！”没有受到世俗羁绊的张新，真是吃了秤砣铁了心，他对亲友说：“尽管她名声不好，但我爱她，你们爱怎么说就怎么说。”

张新来到素梅家里，素梅躺在病床上，已经被人为地各种流言折磨得不成样子了。素梅哭诉了受骗经过后说："张新哥，我欠你的感情很多，不配当你的妻子，你去另找一个吧！看到你，我就心满意足了。"

"不，感情这事别人是代替不了的。当初你提出分手，我也有责任，只怪我给你的爱太少了，你放心，过去我爱你，现在和将来我一样爱你。"

不久，这对经历了磨难的恋人，在乡亲们的赞扬声和祝福声中，终于结为伉俪。

张新对他的恋人的确十分宽容：当相爱三年的恋人背叛他时，他对她宽容；当她成为堕落的女人，又投向他时，他对她宽容。这确是别人不容易做到的，可是张新却做到了。这是需要博大的胸怀才能做到的。正因为他做到了，他终于得到了真正的爱情。

30. 商人与樵夫

对于爱而言，有时候，瞬间就意味着永恒。仅含情脉脉的一瞥已让相爱的人幸福一生。

在森林的一条小路上，一个商人和一个樵夫经常相遇。

商人拥有长长的驼队，一箱箱的绫罗绸缎都是商人的财富。

樵夫每天都要上山砍柴，斧头和绳子是他最亲密的伙伴。

然而，商人整天愁眉苦脸，他不快乐。樵夫每天歌声不断，笑声朗朗，他很幸福。

一天，商人又与樵夫相遇，他们同坐在一块大石头上休息。

“唉！”商人叹道，“我真不明白，小伙子，你穷得叮当响，怎么还那么快乐呢？你是否有一个无价之宝藏而不露呢？”

“哈哈！”樵夫笑道，“我也不明白，您拥有那么多财富，怎么整天愁眉苦脸呢？”

“唉！”商人说：“虽然我是那样的富有，但我的一家人总是为了钱财吵得不可开交。他们整天想的就是如何比其他人拥有更多，却没有一个想到为我付出哪怕一丁点儿真情实意。当然，我一回到家他们就会喜笑颜开，可是我始终弄不明白，他们是对着钱笑还是对着我笑。我虽家财万贯，但我却常常感到自己实际上是一个一无所有的穷光蛋。我能快乐吗？”

“哦，原来如此！”樵夫道，“我虽然一无所有，但我时时感觉到我拥有永恒的幸福，所以我经常乐不可支。”

“是吗？那么你家里一定有一个贤惠的妻子了？”商人问。

“没有，我是个快乐的光棍汉。”樵夫道。

“那么，你一定有一个不久就可迎娶进门的未婚妻。”商人肯定地说。

“没有，我从来没有过什么未婚妻。”

“那么，你一定有一件使自己快乐的宝物？”

“假如你要称它为宝物的话，也可以。那是一位美丽的姑娘送给我的。”樵夫说。

“哦？”商人惊奇了，“是一件什么样永恒的宝物，令你如此幸福呢？一件金光闪闪的定情物？一个甜蜜的吻？还是……”

“这个美丽的姑娘从来没有同我说过一句话，每次在村里与我相遇，她总是匆匆而过。三年前，她去了另一个城市生活。就在她临走之前，上车的时候，她……”樵夫沉浸在幸福之中了。

“她怎么样？”商人急切地问。

“她向我投来了含情脉脉的一瞥！”樵夫继续说道，“这一瞬间的目光，对于我来说，已经足够我幸福一生了。我已经把它珍藏在心中，它成了我瞬间的永恒。”

商人看着幸福无比的樵夫，心中说道：

“真正的富翁应该是他，我才是个名副其实的穷光蛋。”

31. 苏格拉底的婚姻观

结婚也许会让你后悔一时，但不结婚会让你后悔一辈子。

在家庭暴力日显突出的今日，夫妻大战尤为厉害。实际上，没有矛盾的家庭是不存在的，有矛盾就要巧妙地解决，要化干戈为玉帛，因为家和万事兴嘛！

娶到贤妻会得到幸福，娶到恶妻会成为哲学家。

著名的哲学家苏格拉底娶了一个非常凶悍的妻子，当时人尽皆知。

有一天一名学生来向他请教说：“老师，我打从心里想要成家，但实不相瞒，看到您的处境，我实在没有足够的勇气结婚，您说这该怎么办呢？”苏格拉底说：“无论你是想结婚还是抱独身主义观点都无所谓，只要是选择自己所喜欢的路去走就对了。”这名学生听了老师的话后满意地点点头，正要转身离开的时候，又听到苏格拉底从背后传来一句：“反正不管走哪条路到最后都是会后悔的。”这位学生一听立即又转身回来，不解地问道：“老师，您不如明说好了，究竟是结婚好，还是不结婚好？因为我实在弄不懂您刚才所说的话。”苏格拉底说：“那么你究竟想不想结婚呢？”学生回答说：“我当然想啦！但是，您刚才……还有因为师母……”苏格拉底神色自若地说：“结婚是绝对必要的，假使你娶到贤妻会得到幸福，如果不幸讨到一个恶婆娘，则可以成为一位哲学家。”

有人说婚姻是坟墓，有人说婚姻是一种赌注。其实，结婚也许会让你后悔一时，但不结婚会让你后悔一辈子。人生最大的幸福莫过于好好地爱一个自己所爱的人，好好地干一番自己的爱干的事业。

32. 丢失了自己的人

当爱来临的时候，“我”就不存在了。

在一片鲜花盛开的草地上，一个年轻的男人遇见了一个年轻的女人。

“现在我才发现，我来到这个世界上，就是为了今天与你相遇。”年轻男人含情脉脉地注视着女人。

“我也一样，所以我们相遇了。”

男人和女人相拥而去。

之后的某一天，还是那个年轻女人，独自在那片草地上寻找着，双眸流露着惶惑和不安。

一个智者走了过来：“孩子，你已经在此寻找许久了，你究竟丢失了什么东西呢？”年轻女人一边搜寻着，一边不安地回答着智者的问话：

“我在寻找我自己。自从那天在这里与他相遇，我就发现我丢失了自己。我的欢笑因他而产生，我的眼泪因他而流淌；他的一句话可将我托上高高的峰巅，他的一声叹息可将我抛下黑暗的地狱；我睁着双眼，看到的只有他的身影，我闭上双眸，听到的只是他的声音；我似乎是因他而生，我更因他而死。然而，我呢？我到哪里去了？偷一个空闲，我来寻找我自己。”

智者笑道："孩子，不必寻找了。当爱产生时，'我'就消失了。你们相爱着，你们已经融为一个整体，你的自我只能在他那里寻找，而他的自我只能在你这里寻找。遗憾的是，他和你都不见了，因而你们不必寻找，你们已经变成了一个新的整体。"

正说着，那年轻男人也来了，他也来寻找自我，智者把上述的话又重复了一遍。

"可是，'我'还能够返回吗？即使返回，'我'还会是从前的'我'吗？'我'在新的整体那儿，还会有幸福和快乐吗？"男人和女人同时问。

"唉！谁能预知明天发生的事呢？你们拥有今天灿烂的阳光，何必为明天天空的阴晴发愁呢？"智者说。

33. 理解幸福

真爱最幸福。

有一对年轻的夫妻，平常得很，没有出色的相貌，也没有令人羡慕的工作岗位。

只知道那个女人有病，平时看上去脸色灰灰的，像蒙了层土。可他们仿佛很快乐，在神情上，根本看不出任何阴影。

不久，那个女的怀孕了，腆着一个微微隆起的肚子在散步。她的脸色仍然是灰灰的，却挂着笑意。有时她对自己的怀孕有点疑惑：这孩子是病前怀上的，还是病后怀上的？

突然有一天，有人说这女的患的是癌症。大家都觉得奇怪。大家都惊讶地说："她怀孕了！"

然后大家都看到快乐包围了这个小家庭，那男的走进走出地忙着，脸上看得出显而易见的喜悦。

只是那个女的在中午阳光好的日子里出来晒太阳，腆着的大肚子就像一个令人惊恐的感叹号。

到秋天的时候，听说女的生产了，男的只抱回一个小女孩，那个女的再也没有回来。

人在世上，什么才是真正的快乐和幸福呢？很多时候，我们往往把幸福定义在金钱的满足上，却忽略了另一面。其实，与命运从容地抗争的过程也是一种幸福，这种幸福流光溢彩，让人流泪。

34. 最崇高的父亲

舍弃树大乘凉的幼稚思想，你就选择了自己做人的伟大。

在乔治的记忆中，父亲一直就是瘸着一条腿走路的，他的一切都平淡无奇。所以，他总是想，母亲怎么会和这样的一个人结婚呢？

一次，市里举行中学生篮球赛。乔治是队里的主力。他找到母亲，说出了他的心愿：他希望母亲能陪他同往。母亲笑了，说："那当然。你就是不说，我和你父亲也会去的。"他听罢摇了摇头，说："我不是说父亲，我只希望你去。"母亲很是惊奇，问："这是为什么？"他勉强地笑了笑，说："我总认为，一个残疾人站在场边，会使得整个气氛变味儿。”母亲叹了一口气，说：“你是嫌弃你父亲了？”父亲这时正好走过来，说：“这些天我得出差，有什么事，你们商量着去做就行了。”

乔治所在的队得了冠军。在回家的路上，母亲很高兴，说：“要是你父亲知道了这个消息，他一定会放声高歌的。”乔治沉下了脸，说：“妈妈，我们现在不提他好不好？”母亲接受不了他的口气，尖叫起来，说：“你必须要告诉我这是为什么？”乔治满不在乎地笑了笑，说：“不为什么，就是不想在这时提到他。”母亲的脸色凝重起来，说：“孩子，有些话我本来不想说。可是，我再隐瞒下去，很可能就会伤害到你的父亲。你知道你父亲的腿是怎么瘸的吗？”乔治摇了摇头，说：“不知道。”母亲说：“你两岁时父亲带你去花园里玩，在回家的路上，你左奔右跑。忽然，一辆汽车急驰而来，你父亲为了救你，左腿被碾在了车轮下。”乔治顿时呆住了，说：“这怎么可能呢？”母亲说：“这怎么不可能？只是这些年你父亲不让我告诉你罢了。”

二人慢慢地走着。母亲说：“有件事可能你还不知道，你父亲就是布莱特，你最喜欢的作家。”乔治惊讶地蹦了起来，说：“你说什么？我不信！”母亲说：“这其实你父亲也不让我告诉你。你可以去问你的老师。”乔治急急地向学校跑去。老师面对他的疑问，笑了笑，说：“这都是真的。你父亲不让我们透露这些，是怕影响你成长。但既然你现在知道了，那我就不妨告诉你，你父亲是一个伟大的人。”

两天以后，父亲回来了。乔治问父亲：“你就是大名鼎鼎的布莱特吗？”父亲愣了一下，然后就笑了，说：“我就是写小说的布莱特。”乔治拿出一本书来，说：“那你先给我签个名吧！”父亲看了他片刻，然后拿起笔来，在扉页上写道：赠乔治，生活其实比什么都重要。布莱特。

多年以后，乔治成为一名出色的记者。当有人让他介绍自己的成功之路，他就会重复父亲的那句话：生活其实比什么都重要。

随着慢慢长大、成熟，我们会逐渐明白很多以前不曾发现的真情与关爱。当然这需要我们从生活中去发现、去体会，因为生活比什么都重要。

35. 片语抵万金

放下一点你为追求名利而劳碌奔波的时间，收拾好心情常回家看看。

有一封信，相信你读过之后，定会感慨良多。

“亲爱的爸爸妈妈：

我最近很忙 □，一般 □，空闲 □；

我的功课优秀 □，中等 □，差 □；

最近一次考试成绩90分以上 □，60分以上 □，不及格 □；

身体很棒 □，有一点不舒服 □，很不好 □；

我准备在暑假 □，寒假 □，明年 □回家……”

这封信的最后一段话是这样写的：

“孩子，我们知道你没有时间写信回家。现在，请你花一点点时间，在前面的空格里选择你目前的状况，划个‘√’，寄回给我们。信封我们已经写好并贴了邮票，随信附上。孩子，我们老了，不知道还有多少时间，不要让我们久等。非常想念你的爸爸妈妈。”

现在，想必你已明白这究竟是怎样一封信了。透过这封不寻常的家书，我们似乎能看到白发苍苍的父母殷殷企盼的眼神。他们知道子女们忙于学习、事业或是生意，他们并不奢望子女们常回家看看，他们需要的仅仅是温情的牵挂和问候，哪怕只言片语，对于他们，也是莫大的慰藉。

有一对老人，他们唯一的儿子在遥远的城市里工作。这对行动不便的老人平日里最关心两件事，一是每天都会按时守在老旧的黑白电视机前收看天气预报，密切关注儿子所在城市的气候变化；另一件事就是每日黄昏时分，他们总会坐在村口的黄桷树下，等乡里的邮递员。有儿子来信的日子，是他们最高兴的日子。两位老人不识字，他们有时会找村里认字的人代念；找不着的时候，他们就一遍遍地摩挲信纸，心同样是盈盈的满足。

许多时候，我们因为懒惰或是一心追求名利，慢慢忽略了亲情，忽略了一日比一日年迈的父母，忽略了双亲望眼欲穿的牵挂。千金散去还复来，亲情逝去永不返。年轻时我们总以为来日方长，却忘记了父母已经黄昏迟暮。说不定哪天，我们正为不失掉一次赚钱的机会而忙得天昏地暗的时候，却惊悉自己永远失去了至爱的亲人。所以，天下的儿女们，找点空闲，常回家看看吧！或是认真地写封信，告诉双亲：我好想你们！这些许的点滴将会使他们获得如何的慰藉和满足。否则，“子欲养而亲不在”，是世上最痛彻心扉的愧疚和遗憾。

36. 比一比，你是富有的

人首先得爱自己，其次要爱自己，最后还是爱自己。

有一个在医院工作的大姐姐，有一天她带着故事书和玩具，到儿童病房为小朋友讲故事。有一个全身瘫痪的小女孩告诉大姐姐她想听“机器猫”。大姐姐就给女孩讲了几个机器猫的故事。小女孩听到小叮当有个无所不有的口袋后，突然好奇想看大姐姐口袋里的东西。大姐姐就掏出口袋里的东西：一支铅笔、一串钥匙及一颗可爱的小石头。大姐姐掏到最后一个口袋时，只掏出了两个一块钱的硬币，大姐姐不太好意思地说："我口袋里没什么钱呢！"

小女孩看了看硬币，然后抬头看着大姐姐说："大姐姐你口袋里虽然没有什么钱，但你有一双会走路的腿，所以你是富有的，因为你能走路！"

大姐姐听了小女孩的话后，愣了一下，因为她自己从来没有想过有健全的四肢有什么特别的，她突然感到自己能自由地走路是多么的幸福！她回答小女孩说："你说得对，我是真的很富有呢！"大姐姐接着对小女孩说，"其实你也很富有哦！因为你有一对美丽发亮的眼睛，也有健康的双手。"

这时，小女孩笑了，说："是啊，我只看到自己没有一双健康的腿，却没想到我有一对这么好的眼睛，还有一双灵巧的手！"

有时我们忽略已拥有的东西，因为它们显得是那么普通。然而当你失去时，才知拥有的可贵。

37. 幸福钥匙

时常，在心灵与心灵产生隔阂的时候，我们总是抱怨别人的不理解和冷漠，但我们总是忘记我们的那把钥匙——通往别人心灵的那把钥匙——能打开自己，也能打开别人。

沙莲娜是美国加州大学的最年轻的讲师，比尔是加州一位年轻有为的律师，新婚还不到一年的他们已经开始感受到了爱情被婚姻包围住以后的枯燥和无奈。但他们都还记得他们浪漫的新婚之夜：

他们是第一批报名在加州大酒店举行最新创意集体婚礼的。在集体婚礼的舞会上，比尔和沙莲娜的舞蹈得到了很多赞美和祝福。那天晚上，当他们要求回他们的新婚房间时，主持婚礼的司仪给了他们每人一把钥匙，这让他们莫名其妙。晚上当比尔和沙莲娜一起赶到属于他们的新房时，发现那个用两颗心叠在一起的锁很别致。他掏出自己的钥匙插在左面的锁孔里，门锁不动，右面也不行。比尔让沙莲娜试一下也不行，沙莲娜说两个人一起来，于是他们把钥匙同时插了进去，转动钥匙，门开了。在房间里等待着的有蜡烛、浪漫的音乐，还有几个时尚杂志的记者，他们把陶醉在爱情中的比尔和沙莲娜拍摄成了明星一样的人物，还上了杂志封面。

婚后的日子一直被这种快乐的浪漫包围着，他们都认真地经营自己的感情，培养着爱情的土壤和幸福之花。然后，时间把一切有香味的东西都逐渐冲淡，渐渐地他们有了争吵。迟到的雨具和被淋病了的沙莲娜，偶尔放错调料的咖啡和比尔的愤怒，渐渐地，比尔开始嫌弃沙莲娜不懂得爱情的细节，不懂得在他的咖啡里多加些方糖，而沙莲娜也发现比尔一直不注意她新买了一套裙子，她还发现比尔开始有说话不自然的电话，甚至有时候借口工作加班不回家吃晚饭。直到比尔提出了分居。

沙莲娜实在受不了这种有隔阂的生活，同意了比尔的要求，在收拾她自己的东西的时候，她发现她的钥匙，不是钥匙，是一个像钥匙一样的纪念品。原来是他们新婚之夜酒店送给他们用玉石打制的两把钥匙的纪念品，酒店里给它的名字叫“幸福钥匙”，可以凭这一对钥匙免费消费一个晚上。两个人同时打开一个门，幸福的钥匙打开幸福的门。沙莲娜忽然想到了一个主意。

比尔也不知道沙莲娜为什么心血来潮非要去加州大酒店里住一个晚上，然后才同意分居。他们又一次被分配到了新婚之房，不知怎的，当比尔把钥匙插进锁孔，看了一眼沙莲娜的时候，他一下子好像回到了一年前，那一双柔柔的眼睛里不是满是关心吗？沙莲娜也把钥匙插了进去，一二三，门开了。令比尔意外的是和他们新婚时一样的设计，蜡烛和音乐。那一瞬间，一切琐碎的细节都显得好笑，而真正的爱情并没有远离他们。第二天，比尔郑重地向沙莲娜请求，“婚后的恋爱开始了，我能再一次请你出去吃饭吗？”看着比尔的那个姿势，沙莲娜一下子笑出了声。幸福原来是这样的让人猝不及防。

38. 永远的约定

有一种约定由真情铸造；有一种约定可以穿越出世间最昂贵的时光抵达永远。这种约定就是爱。

矿工下井刨煤时，一镐刨在哑炮上。哑炮响了，矿工当场被炸死。因为矿工是临时工，所以矿上只发放了一笔抚恤金，不再过问矿工妻子和儿子以后的生活。

悲痛的妻子在丧夫之痛之后是来自生活上的压力。她无一技之长，只好收拾行装准备回到那个闭塞的小山村去。那时矿工的队长找到了她，告诉她说矿工们都不爱吃矿上食堂做的早饭，建议她在矿上支摊儿，卖早点，一定可以维持生计。矿工妻子想了一想，便点头答应了。于是一辆平板车往矿上一支，馄饨摊儿就开张了。8毛钱一碗的馄饨热气腾腾，开张第一天就一下来了12个人，随着时间的推移，吃馄饨的人越来越多，最多时可达二三十人，而最少时从未少过12个人，而且风霜雨雪从不间断。时间一长，有十几个矿工的妻子都发现自己的丈夫养成了一个雷打不动的习惯：每天下井之前必须吃上一碗馄饨。妻子们百般猜疑，甚至采用跟踪、质问等种种方法来探求究竟，结果均一无所获。直到有一天，队长刨煤时被哑炮炸成重伤。弥留之际，他对妻子说："我死之后，你一定要接替我每天去吃一碗馄饨，这是我们队12个兄弟的约定。自己的兄弟死了，他的老婆孩子，咱们不帮谁帮？"从此以后每天的早晨，在众多吃馄饨的人群中，又多了一位女人的身影。来去匆匆的人流不断，而时光变幻之间唯一保持的是最少12个人。

时光飞逝之间，当年矿工的儿子长大成人。而他饱经苦难的母亲两鬓斑白，却依然用真诚的微笑面对着每一个前来吃馄饨的人，那是发自内心的真诚与善良。

更重要的是，前来光临馄饨摊儿的人，尽管年轻的代替了年老的，女人代替了男人，但从未少过12个人。穿透十几年岁月沧桑，依然闪亮的是12颗金灿灿的爱心。

第四章

向快乐许个愿

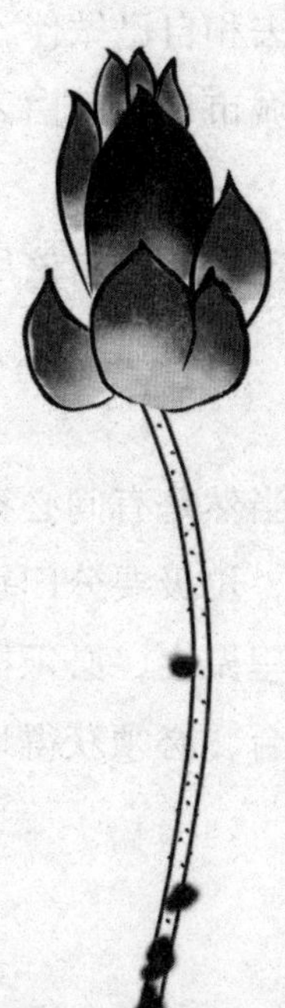

1. 自由就是融入规则，进而又作茧自缚

有些人一边抱怨不自由，一边又在作茧自缚。明明是自己缺乏水准，底气不足，偏偏还要在自己的周围杜撰几个“假想敌”，以达到“不是我无能，而是敌人太狡猾”的心理平衡。

有个女人抱怨她住的街区太过脏乱。比如，一个阳光明媚的星期天的早晨，她打开窗户想呼吸一下新鲜空气，砰！砰！砰！楼上的邻居狠命地拍打他家的擦脚垫。女人猛地又关上窗子，想以关窗的响声表示抗议，不料因用力过大，震落了窗玻璃，还划伤了自己的手！

女人打算离开这个可怕的地方。去哪里比较好呢？她想起了住在德国某城市的姐姐一直希望她搬过去和自己做伴，记得姐姐这样说过，“你听说过吗？这里可是个天堂般的城市！蓝天白云，宁静安逸，每一缕空气你都可以深深地吸进肺里……”

女人觉得，在作出去的决定之前，应该尽可能多地掌握那儿的信息，特别是社区环境方面的细节，以免搬过去又后悔。于是她给姐姐打了电话。

姐姐接到电话非常开心，当然是有问必答啦，“晚上10点以后不能大声喧闹；星期天不能开割草机；垃圾要分门别类，并在规定的时间里扔在规定的地方；如果你准备在家里聚会，必须提前告示你的近邻，征得同意或谅解；如果你想搭建一个阳台，必须获得地方政府的许可，并按规定的

要求实施……”

放下电话，女人感慨良多，那个被人形容为“天堂”般的城市，原来一点也不自由啊!

人人都希望拥有一个洁净、舒适的生活空间，宽松、明朗的工作环境。然而要想得到这份快乐，也不是一件简单的事情。因为，人在追求这份快乐的过程中，比较容易犯“以自我为中心”的毛病，结果反而给自己带来负面影响和消极后果。也许，真正的天堂在自己的心中，只有自己拿得起，放得下，你的生活空间才会有快乐。

2. 选择不到幸福

有时我们可以选择生命，但我们难以去选择幸福，因为我们不舍得去放弃。

有一个名叫韦格的奥地利女孩，天生丽质，聪慧可人。她在一所大学专修油画，她的男友为她筹备个人画展。当出现经济危机时，男友鼓励她参加世界小姐选美，因为初赛的奖金高达5000美元。她去了，而且一路过关成了1987年度的世界小姐。

韦格想开画展，可她已经不需要画展了；韦格想和男友浪漫缠绵，可她也不缺少浪漫了。身为世界小姐，她一下子站在了荣耀和财富的顶端。

当她的事业如日中天之时，她患上了一种名叫克里曼特综合症的病。这种病症的最大危机在于，双眼视力会逐渐衰竭，直到失明。韦格几乎是绝望地陷入了黑暗之中。消息传出，一位名叫帕迪的南非小男孩给她寄来了一包土，说他们那里的人用此治病。韦格不相信那包土，但还是怀着姑且一试的想法用了。奇迹发生了，她康复了。

韦格后来嫁给了一个美国富翁。

她先后嫁了六次，可是没有一个男人令她倾心。最后，她自杀了。

关于这个故事，一百个人可能会有一百种说法，可我要告诉你的是：你可以用自己不喜欢的方式赚到财富，也可以用自己不相信的药治好病，但你无法从自己不爱的人身上获得幸福。

3. 放弃负面心态，选择快乐人生

手指扎了一根刺，乐观的人会高兴地喊一声："幸亏不是扎在眼睛里！"

有一天，汤姆到酒吧喝闷酒，服务生见他一副眉头紧锁的样子，便问道："先生，您到底为了什么事烦心呢？"

汤姆答道："上个月，我叔父去世了，因为他没有后代，所以在遗嘱中，将他仅有的5000张股票全部留给了我！"

服务生听后安慰汤姆道："你叔父去世固然让人觉得遗憾，但是人死不能复生；而且，你能继承你叔父的股票，应该也算是一件好事啊！"

汤姆答道："一开始，我也认为是件好事。但问题是，这5000张股票，全部是面临融资催缴、准备'断头'的股票啊！"

假使你能选择正面的心态来面对问题，就算你真的面临像故事中的汤姆那样股票即将“断头”的危机，只要你能妥善应对，终究会有“解套”的一天。

坎伯曾经写道：“我们无法医治这个苦难的世界，但我们能选择快乐地活着。”

天底下没有绝对的好事和绝对的坏事，有的只是你如何选择面对事情的态度。如果你凡事皆抱着负面的心态，那么就算让你中了1000万元的彩票大奖，也是坏事一桩。因为你害怕中了奖后，有人会觊觎你的钱财，进而对你采取不利的行动。

中岛熏曾说：“认为自己‘做不到’，只是一种错觉，我们开始做某件事情前，往往先考虑做不做得到，接着就开始怀疑自己做不到。”

因此，如果你在做任何事情之前，就采取消极的心态，告诉自己绝对做不到，那么，恐怕只能一辈子住在自己一手打造的心灵“套房”里了。

4. 承担责任就是快乐

没有压力就没有动力，没有责任就没有发展，很多的快乐源于你敢于去承担责任，而不是源于你抛弃使命。

一位农民每天挑柴翻山越岭，去集市用柴火换取一天的口粮，并用剩余的钱供儿子上学。

儿子放暑假回来，父亲为了培养儿子的吃苦精神，便叫儿子替他挑柴上集市去卖。儿子挺不愿意地挑了两挑，翻山越岭肩挑柴火着实把他给累坏了。挑了两天，儿子再也挑不动了。

父亲没办法，只好叹着气让儿子一边歇着去，自己还是一天接一天挣钱养家糊口。可天有不测风云，父亲不幸病倒了，这一病就是半月起不了床。家里失去了生活来源，眼看就要断炊了，儿子没办法，终于主动地挑起了生活的重担，每天天不亮，儿子学着父亲的样子，上山砍柴，然后挑着去集市卖，一点也不觉得累。

“儿子，别累坏了身子！”父亲又喜又爱地看着儿子忙碌的身影说。

儿子这时停下手中的活儿，对父亲说：“父亲，真是奇怪，刚开始你叫我挑柴火那两天，我挑那么轻的担子觉得特别累，怎么现在我挑得越来越重，相反倒觉得担子越来越轻了呢？”

父亲赞许地点点头道：“这一方面是你身体承受能力练出来了，更重要的是因为你心理成熟的缘故啊！成熟使你产生了勇挑重担的勇气，当然就觉得担子轻了！”

5. 幸福是个哑巴

幸福很矜持，相逢的时候，它不会夸张地和我们提前打招呼，离开的时候，也不会为自己说明和申辩。幸福是个哑巴。

初逢一女子，憔悴如故纸。她无穷尽地向我抱怨着生活的不公，刚开始我还有点不以为然，但很快就沉入她洪水般的哀伤之中了。你不得不承认，有些人就是特别的倒霉。灾难好似一群鲨鱼，闻到血腥之后，就成群结队而来，肆意啄食血肉，直到将那人吃成一架白骨。

“从刚开始，我就知道自己这辈子不会有好运气的。”她说。

“你如何得知的呢？”我问。

“我小时候，一个道士说过——这个小姑娘面相不好，一辈子没好运的。我牢牢地记住了这句话。当我找对象的时候，一个很出色的小伙子爱上了我。我想，我会有这么好的运气吗？没有的。就匆匆忙忙地嫁了一个酒鬼，他长得很丑，我以为，一个长相丑陋的人，应该多一些爱心，该对我好些。但霉运从此开始。”

我说：“你为什么不相信自己会有好运气呢？”她固执地说：“那个道士说过的……”

我说：“或许，不是厄运在追逐着你，是你在制造着它。当幸福向你伸出双手的时候，你把自己的手掌藏在了背后，你不敢和幸福击掌。但是，厄运向你一眨眼，你就迫不及待地迎了上去。看来，不是道士预言了你，而是你的不自信引发了灾难。”

她看着自己的手，迟疑地说：“我曾经有过幸福的机会吗？”我无言。有些人残酷地拒绝了幸福，还愤愤地抱怨着，认为祥云从未飘过他的天空。

6. 丢掉情感垃圾

摔跟头、犯错误并不可怕，可怕的是舍不得放弃，驻足于你砸的这个坑前，忘记了前行或是不敢向前。

一个夏日的下午，物理学家卡普拉在海边突然发展“身边周围一切像是一个宇宙舞蹈”。他说：“我‘看到’能量像飞瀑一般从外太空倾注而下，伴随有韵律的波动而生生灭灭。我‘看到’元素的原子和我肉体的原子参加了这一场宇宙能的舞蹈。”

这种超然感受并不常有，但是和人们耳闻目睹的经验同样的自然。其来源很多，来自祈祷、诗歌与结识英雄人物；来自幸福与悲哀；来自勇敢与恋爱。它使人们超脱日常生活的繁琐，改变人们的思想与生存的方式；提供一些问题的答案，诸如为什么人要活在世上、一生所为何为。

每件工作，每桩乐事，都含有超然的意味。例如，你送孩子上床，她总是慢腾腾地使你不耐烦。她向你望了一眼，那神情好动人，你不得不把她搂在怀里。在那一瞬间，你明白片刻的爱比日常生活一切烦忧都更为重要。在那动人的一望之中你感觉到过去、现在与未来之间的连绵不断。

超然境界也能经由身体的动作获得。当她还是个女孩子的时候就喜欢跑，只是为了从中得到充满活力的快感。她现在还能感觉到飞翔的意味，不吃力地随着大地的节奏滑行。这种经验的意义就像是人们使用自己最大潜力的时候，身心都“敞开”了，能有前所未有的视、听等能力，而且这样做的时候可以“看到宇宙之深藏的结构”。

一个人们喜爱的象征也能引发超然境界：站在点亮了灯烛的圣诞树前，再或是看到本国国旗迎风招展。超然之感也可能由于大自然的特殊景色而引发：看着冬天的月亮在雪地上照出斑斑阴影，或是秋天黄昏看见野鸭南翔，或许会觉得有一股神秘的力量存在，因而似乎可以听到遥远海岸奇异的涛声。

好多年前，一个女孩在新苏格兰半岛的森林中有一个夏令营地。她爱那地方，可是天黑之后营地只剩丈夫和她两人，她有点怕。有一夜她醒来，林间月光在她脸上筛下碎影，她睡不着了。虽然害怕，她还是走出去坐在门廊里，林中有响动，很柔和不带一点恶意。惧念渐消，安全之感顿生。她想森林并非表面上的那样，树也并不是坚实的，它的枝干中布满浆汁和脉络。她不明白树的性质，因为她用有限的眼光看、用有限的听觉听。她感到生命内在之美，再也不怕黑夜和寂寞。

不要总去“欣赏”那些坑，不要总把那些遗憾挂在嘴上。人生中会有数不清的遗憾，这本就是人生的魅力，十全十美的人生也许才是最没意思的人生呢！

大作家沈从文曾给自己的表侄、大画家黄永玉几条人生忠告，第一条就是摔倒了赶快爬起来，不要欣赏自己砸的那个坑。

为什么这样说呢？第一，已经摔倒了，只要能记住这次摔跤的教训就行了，再继续欣赏这个坑，顾影自怜，自怨自艾，于事无补，还把心情搞坏了；第二，这种欣赏会耽误以后的路程，而且由于心情不好，注意力不集中，再摔跟头的概率反而会更大。

陶渊明说：觉今是而昨非。用今天的眼光与标准来评判昨天的事物，就会发现其中的诸多问题，有些遗憾可能还有机会去补救，但还有许许多多的遗憾则永无机会去弥补了。

每个人在对一件事做决策时，已知的确定性因素是决策的依据，但总会有许多未知的、不可确定的因素，需要大家用经验、能力去分析和判断，这种感觉与判断同样是决策的重要依据。对现有信息的占有不可能充分，对未知因素的估计不可能完全正确，这就注定了摔跟头、犯错误是难免的。正所谓人非圣贤，孰能无过，永不犯错的想法本身就是个错误。

7. 踢掉路边的绊脚石

路上有绊脚石，就让它闪开，只有这样，你才能尽情地舞蹈。

快乐是需要智慧来获得的。

高中时一位英文老师曾对全班说了一段让人印象深刻的话：“世界上什么人最快乐？只有智障者最快乐，因为他们不明白什么叫不快乐，但是在座的各位没有这种获得单纯快乐的能力，所以唯一的方法，就是让自己聪明一点，懂得找寻人生的快乐！”

快乐是不能外求的，我有一位朋友十分聪明，而更让我欣赏的是他对人生的积极乐观，他说他喜欢这样一句话：“当你年过30岁，你永远不会再老了，只会变得更聪明。”我把这句话送给所有害怕过生日，害怕会老一岁的朋友。

所有的才干、知识、学历都是手段，生命的终极意义其实仅是“快乐”二字。所以无论高低贵贱，每天都开心微笑的人才是最聪明的人。

有一个人去求教心理医生，他抱怨道：“我的生活乏味透了，真没意思。”

“那么我们做一个小小的实验吧，”医生说：“我告诉你怎么做。

明天一早醒来的时候，你就想象并且假装那是你还能活着的最后一天。你躺在床上，努力试着下床，同时告诉自己，这是最后一次躺在柔软的床上了，也是最后一次从睡眠中醒过来了。”

“然后你下楼去吃早饭，要记住喔，那是你最后的一顿早餐。请太太替你弄一些你最爱吃的东西。不要像平常一样在餐桌上看报，反而要跟太太好好谈谈话，因为你以后再也没有这样的机会了。”

“在去车站的路上，要慢慢地走，好好看看你自己的房子、你住的小镇，也要好好看看你左邻右舍的房子，因为这也是最后的一次了。上了火车，要明白那是你最后一次坐火车进城，你不喜欢的东西，也都要去瞧它一眼，因为你很快就要跟他们永远再见了。”

这个人答应了医生，要尽力去做这个实验，然后回来报告结果。

他根本没有等到第二天，马上就开始想象当天就是他的末日了。在回家的火车上，他仔细观察窗外景致，而不是像以前一样地翻阅晚报，结果他发现小镇和村庄的灯光非常迷人，真正地品尝到了坐火车的乐趣。

然后在星空之下，沿着洒满月光的街道走回家。到家门口，他不掏出钥匙开门。反而是按了门铃，门打开来后，在金黄色的灯光下，站着的是结婚25年的妻子。他把太太紧紧搂住，并且给了她一个生平最热烈的亲吻。

此时此地，他决定从明天起，在上帝给他的每一个日子里，都要好好地活下去。

8. 生气的时间

快乐就是要你不要生气，面对生活中的烦恼要学会选择，舍得放弃，并且善于利用生气的时间，去做更加有意义的事。

早年，有一个名叫爱地巴的西藏人，他一生气就绕着自己的房子和土地跑3圈。后来，他的房子越来越大，土地也越来越多。当爱地巴变得很老时，走路已经要拄拐杖了，但他生气时还是要坚持绕自己的房子和土地跑3圈。

一次，他拄着拐杖走到太阳已经下山了还在坚持，他的孙子担心他就一直在后面跟着。孙子问：“阿公，您生气就绕着房子和土地跑，这里面有什么秘密？”

爱地巴说：“年轻时，我一和人吵架、争论、生气，我就绕着自己的房子和土地跑3圈，边跑我边想，我的房子这么小，土地这么少，有这点生气的时间和精力，不如放在工作和学习上，想到这里，我的气就消了。”

孙子又问：“阿公，您年老了，成了富人，为什么还要这么跑呢？”

爱地巴边跑边说：“我想，我房子这么大，土地这么多，又何必跟人斤斤计较呢？想到这里，我的气就消了。”

9. 脱去烦恼回家

家，应该是最舒服、安全、稳定、快乐的地方。别忘了下次你回家时，不妨先对自己说："进门时，先脱去烦恼。"更要记得把快乐带回家。

去一个朋友家做客，出了电梯，赫然见门上挂了一方木牌，上面写着两行字："进门前，请脱去烦恼；回家时，请带回快乐。"我久久凝视，细细品味，不禁对这家主人萌生无限敬佩，这短短两句话蕴含的却是深奥的哲理。

进屋后，男主人一团和气，孩子大方有礼，一种看不见却感觉得到的温馨、和谐，满满地充盈着整个空间。

询问起那块木牌的事，女主人甜蜜地笑笑说："这是我们共同的创造。"

她慢慢地解释说："其实也没什么，一开始只是提醒我自己，身为女主人，有责任把这个家经营得更好……有一次我在电梯镜子里看到一个充满疲惫、灰暗的脸，一双紧锁的眉头，下垂的嘴角，忧愁的眼睛……把我自己吓了一大跳。于是，我开始想，当孩子、丈夫面对这种愁苦暗沉的面孔时，会有什么感觉？假如我面对的也是这样的面孔时，又会有什么反应？接着我想到孩子在餐桌上的沉默，丈夫的冷淡，这些在我原本认为是他们不对的事实背后，隐藏的真正原因竟是我！当时我吓出一身冷汗。当晚我便和丈夫长谈，第二天就写了一块木牌钉在门上提醒自己。结果，被提醒的不只是我自己，而是一家人。”

这是一个充满智慧、很可爱的女人。

10. 恶行有恶报

对别人的伤害总会受到报复，尤其是自己内心的谴责，会让你的身心久久不能得到宽慰。

人性本善，我行我素，恶语伤人是我们不提倡的，当你同样遭受如此对待，你又会如何呢?

一位画家在集市上卖画。不远处，前呼后拥地走来一位大臣的孩子，这位大臣在年轻时曾经把画家的父亲欺诈得心碎而死。

这孩子在画家的作品前流连忘返，并且选中了一幅，画家却匆匆地用一块布把它遮盖住，并声称这幅画不卖。

从此以后，这孩子因为心病而变得憔悴。最后，他父亲出面了，表示愿意付出一笔高价。可是，画家宁愿把这幅画挂在他画室的墙上，也不愿意出售。他阴沉着脸坐在画前，自言自语地说：“这就是我的报复。”

每天早晨，画家都要画一幅他信奉的神像，这是他表示信仰的唯一方式。

可是现在，他觉得这些神像与他以前的神像日渐相异。

这使他苦恼不已，他徒然地寻找着原因。然而有一天，他惊恐地丢下手中的画，跳了起来：他刚画好的神像的眼睛，竟然是那大臣的眼睛，而嘴唇也是那么的酷似。

11. 快乐是保存不了的

快乐即是要学会选择，舍得放弃，快乐是保存不了的，那些用保存来获得快乐的人只会一味的徒劳。

从前有个富翁，他对自己地窖里珍藏的葡萄酒非常自豪。窖里保留着一坛只有他才知道的、某种场合才能喝的陈酒。

州府的总督登门拜访。富翁提醒自己：“这坛酒不能仅仅为一个总督启封。”

地区主教来看他，他自忖道：“不，不能开启那坛酒。他不懂这种酒的价值，酒香也飘不进他的鼻孔。”

王子来访，和他同进晚餐，但他想：“区区一个王子喝这种酒过分奢侈了。”

甚至在他亲侄子结婚那天，他还对自己说：“不行，接待这种客人，不能拿出这坛酒。”

一年又一年，富翁死了。

下葬那天，陈酒坛和其他酒坛一起被搬了出来，被左邻右舍的农民统统喝光了。谁也不知道这坛陈年老酒的久远历史，对他们来说，所有倒进酒杯里的仅是酒而已。

12. 快乐需要摆脱习惯的束缚

在生命中，你要逃过大火的劫难，你就必须学会选择，舍得放弃，要敢于舍弃习惯的束缚。

一个小孩在看完马戏团精彩的表演后，随着父亲到帐篷外拿干草喂养表演完的明星马匹。

小孩注意到一旁的大象群，问父亲：“爸，大象那么有力，为什么它们的脚上只系着一条小小的铁链，难道它无法挣开那条铁链逃脱吗？”

父亲笑了笑，耐心地为孩子解释：“没错，大象挣不开那条细细的铁链。在大象还小的时候，训练师就是用同样的铁链来系住小象，那时候的小象力气还不够大，小象起初也想挣开铁链的束缚，可是试过几次之后，知道自己的力气不足以挣开铁链，就放弃了挣脱的念头。等小象长成大象后，便甘受那条铁链的限制，不再想逃脱了。”

正当父亲解说之际，马戏团里失火了，大火随着草料、帐篷等物，漫延燃烧得十分迅速，蔓延到了动物的休息区。动物们受火势所逼，十分焦躁不安，而大象更是频频跺脚，仍是挣不开脚上的铁链。

猛烈的火势渐渐接近大象，只见一头大象即将被火烧着，它灼痛之余，猛然一抬脚，竟轻易将脚上的铁链挣断，迅速奔逃至安全的地带。

其他的大象，有一两只见同伴挣断铁链逃脱，立刻模仿它的动作，也用力挣断铁链逃生了。但其他的大象却不肯去尝试，不断地焦急转圈跺脚，最终无一幸存。

或许你必须耐心静候生命中的一场大火，逼得你非得选择挣断铁链或甘心遭大火烧身。或许你幸运地选择了前者，在挣脱困境之后，语重心长地告诫后人，人必须经苦难磨练方能得以成长。

除了这些人生习以为常的方式之外，你还有一种不同的选择。你可以当机立断，拿得起放得下，运用我们内在的能力，立即挣开消极习惯的捆绑，改变自己所处的环境，投入另一个崭新的积极领域中，使自己的潜能得以发挥。

您在静待生命中的大火，甚至甘心遭它席卷而低头认命？抑或立即在心境上挣开环境的束缚，获得追求成功的自由？

人生中的选择需要我们摆脱习惯的束缚。当快乐来临，我们不是低头认命，而应该去寻求成功的快乐。

13. 悲从心生，厌由悲起

悲从何起，厌从何来，人生在世，悲、欢、喜、忧……变化无常，或许这就是生活素描吧？

一老僧坐在路边，双目紧合，盘着双腿，两手交握在衣襟之下。他坐在那里，一动不动，陷于沉思。

突然，他的冥思被打断。打断他的是武士嘶哑而恳求的声音："老头！告诉我什么是天堂，什么是地狱！"

开始老僧无反应，好像什么也没听到。

渐渐地，他睁开双眼，嘴角露出一丝微笑。

武士站在旁边，迫不及待，有如热锅上的蚂蚁。

“你想知道天堂和地狱的秘密？”老僧说道，“你这等粗野之人，手脚沾满污泥，头发蓬乱，剑上锈迹斑斑，一看就没有好好保管。你这家伙，打扮得像个小丑，你还来问我天堂和地狱的秘密？”

武士愤怒了，他拔出剑来，举到老僧头上，他满脸的血脉在鼓胀，脖子上青筋暴露，就要砍下老僧脖子上的人头。

利剑就要落下，老僧忽然轻轻说道：“这就是地狱。”

刹那间，武士惊愕不已，肃然起敬，对眼前这个敢用生命来教育他的瘦弱老僧充满怜悯和爱意。

他的剑停在半空，他的眼中噙满感激的泪水。

“这就是天堂。”老僧说道。

人的眼睛其实总在不知疲倦地搜索世界，从一个落点到另一个落点。要是连续搜索而找不到任何一个落点的话，就会因紧张而失明。

有个年轻人被判终身监禁，他失去了活下去的勇气。在准备结束自己的生命之前，他回想了活在这世上的20多年，家人、亲戚、同学、老师，有谁曾对自己说过一句赞许的、鼓励的、温暖的话。

这时他想，只要能搜索到一句，我就不死，我就要为了这一句话而活下去。最后，他猛地想起了半句，那是中学里一个美术老师说的。当他将一幅恶作剧的作品交上去时，老师说：“你画了些什么？色彩倒还漂亮些。”

这半句赞美的话成了年轻人搜索过去世界的一个落点，有了这个落点，他活了下来，并成为一名作家。

“给我一个立足点和一根足够长的杠杆，我就可以撬动地球。”为何阿基米德能有如此气魄，道理很简单，因为他有可供支撑的支点。你的生命支点，就在你的手上。

许多人一生都执迷于天堂和地狱之间，甚至最终都没有一个确切的结果，到底什么是天堂，什么是地狱。事实上，这是一道不算太难的题，天堂和地狱只在你的一念之间。

14. 快乐的动机激活生活

没有生活中的快乐，就没有快乐的生活。

大学生汤姆一天午后上完课，信步走进一家外表不怎么起眼的咖啡店。一位年约40岁的男士正跪在地上擦地板，见汤姆进来便停下了工作。汤姆于是点了一杯饮料，便四处浏览起来。令汤姆惊喜的是店内的陈设十分别致，那些画、小装饰品、桌布、烛台，甚至雕刻，都像是从世界各地带回来的，显见老板是个有心人。

第二次去，正巧这位老板不忙，汤姆便随口和他聊了会儿，得知他姓李，原在一家建筑师事务所里工作，许多有名的建筑他都参与了设计，收入也不错。原以为日子就这样平顺地过下去，没想到5年前的某一天，他忽然对生命有了新的想法，希望平静无波的生活里多一点波澜、变化。于是，单身的他便毅然辞了工作开始外出旅行，每一次他都会带回一些纪念品。当家里的纪念品存到一定程度时，李先生灵机一动，便有了开咖啡店的念头。对一个学建筑的人而言，还有什么比把梦想建筑在自己的店中来得快乐呢？

李先生是个很有品位的人，敢于拿得起放得下，懂得选择自己想要的生活。4年前的一个午后，凭借一杯香醇的咖啡和他的亲切招待，他换来了一份真挚的友谊。那个客人是有钱的房地产大亨，因为欣赏李先生对生命的独特见解，几次长聊，十分投机，两人就像好朋友一样。一次，他和李先生提起正在办移民，要把所有的事业结束，而又有一批新建的成屋，地段也好，最适合当店面，如果李先生有意，他愿意以比市价低100万的售价卖给他。李先生欣然接受了他的提议，买下了现在的这个房子。当然，从此也更快乐了！

听完了李先生的故事，汤姆深深被他那份乐在工作的情怀所吸引，并以此自勉。虽然人们不见得会如李先生那样的好运，但可以确定的是，人们若能把每份生活都当成自己的事业，心甘情愿、认真、喜悦地去做，一定能把生活过得快乐。

每份快乐只要你对生活拿得起、放得下，对快乐清楚认知，只要是为自己的动机而做，一定会产生许多意想不到的收获。

15. 希望和欲望

希望和欲望是人生命不竭的原因所在，但成功者对未来永远充满希望，而失败者对未来永远怀着欲望。

本·佛森·罗克在佐治亚州大西洋城的一家旅馆的电梯中遇到一个残疾人。罗克步入电梯时，注意到这位表情愉悦的人没有腿，他坐在电梯角落的轮椅上。电梯停止在他要去的那层楼时，他和善地请罗克移到角落，以便他更顺利地移动轮椅："对不起！"他说，"让你不方便了！"脸上挂着温煦的笑容。

罗克步出电梯回房间时，实在没法不想着这位开心的残疾者。于是罗克找到他，请他告诉自己关于他的故事。

"事情是发生在1929年。"他面带微笑说，"我到山上去砍伐山胡桃木，我把木材堆在我的车上，开车回家，忽然一根木条滑下来，正在我急转弯时，木条卡在车轴上，我立即被弹到一棵树上，脊椎骨受了伤，双腿因此瘫痪，当时我24岁，从那以后，我没有再走过一步路。"

一个24岁的青年，就被宣判一辈子要在轮椅上度过！罗克问他怎么能这么勇敢地面对事实。他说："我不能！"他说他当时愤怒抗拒，怨恨命运捉弄。但是年岁渐长，他发现抗拒对自己毫无帮助，只不过使自己变得尖酸刻薄。"我终于体会到，"他说，"别人都和善礼貌地对我，我起码也应礼貌和善地回应人家。"

罗克再问他，过了这些年，他是否仍觉得那次事件是个不幸。他说："不！我几乎庆幸它的发生。"他告诉罗克，经过了那个震惊与愤恨的阶段，他开始在一个完全不同的世界中生活：他开始阅读并培养出对文学的嗜好。14年来，他说他起码读了1400本书籍，这些书拓展了他的领域，他的人生比以前所能想象的还要丰富。他也开始欣赏音乐，现在令他感动的交响乐以前只会令他打盹。然而，真正最重大的改变，还是他有了思考的时间。"我一生中第一次，真正用心看世界，并体会其价值。我终于体会到以前努力追求的很多事其实都没有真正的价值。"他说。

由于阅读，他开始对政治感兴趣，他研究公共问题，坐在轮椅上发表演说！他开始了解人们，而人们也开始认识他。他坐在轮椅上，还当上了佐治亚州州务卿。

胜利有很多种，但尤以反败为胜最为高贵，因为那种胜利不是人人都能得到的，他需要拿得起放得下的气魄！

16. 我只在乎你

做到真正的自己，自己的心情被外界所搅乱，不在乎别人的赞誉与吹捧，更不在乎别人的批评和攻击，这样的人才是真正快乐的人。

沉默是最大的漠视。

要表达你的不喜欢、不同意和不满，不是说些什么，也不是为自己辩护和斥责对方，而是不把对方所说所做放在眼里和放在心上。

他愈想看你还手，你愈不还手。

他愈想你生气，你愈是微笑。

他愈想打击你，你愈是不屑。

人家怎样说，绝对是人家的事。

假如那么在乎别人的批评和攻击，你的人生还有什么快乐可言？

你在乎的，只是你喜欢的人。

他们误会了你，你才会解释。

他们伤害了你，你才不能把心事放在心里，你怕累积了的失望会破坏你们的感情。

他们做什么，你也不能漠视。

对于那些无关紧要的人，管他呢！因为，我只在乎你！

17. 谁是你的上帝

生命如一块普通的石头，能把它变成金子的只有你自己，换言之，只有你自己才是你真正的上帝。

太多时候，我们总是在抱怨生活的艰难，整日里忙于生计，认真地活着，却还是免不了失败，免不了碰壁，免了不痛苦，所以我们开始相信上帝。但是时光飞逝，我们仍然摆脱不了失败的阴影，仍然失落，仍然有灰色心情。究竟谁才可以拯救我们？谁才能救我们于囹圄？

一位心理医生曾遇到过这样一件事。他接待了一位患者，这是一名建筑工人，干这一行许多年，为曼哈顿的摩天大楼出了不少力。

但是，他却没有任何成就感，相反，他恨自己，有时甚至想从建筑工地的高楼上跳下去一死了之。

为了帮助他，医生询问他过去的生活。

他说，他这一生总是有摆脱不完的烦恼。小时候上学，老师说他就是块傻料。他忘不了那句话，从那以后，他一直恨自己。学习成绩一落千丈，好几门功课都不及格，最后终于逃学了。从此，他认为自己就是失败者。

确切地说，这是矛盾的，因为他取得了很大的成就。他在建筑业萧条的时候当上了建筑工人，而且干了好长一段时间。他当过兵，打过仗，后来结了婚，现在有5个孩子。他的长女在上大学，曾向他介绍过这位医生写的书。他因此来找这位医生，希望能得到帮助。

“你应该这样对待自己，”医生说，“你失败过，你为什么就不能有失败呢？每个人都会有失败，但你应该看到成功的。摆脱过去，看一看自己已经取得的成绩。这些年来，你工作稳定。你已成为一个有用的人，也结了婚，有了5个孩子，而且这5个孩子快长大成人了。女儿又上了大学，你用自己的辛勤劳动支持他们，看到他们成长，你想这不是成功又是什么？”

他脸上掠过一丝微笑：“我从来没那么想过。”他说。

“别再依依不舍这些失败了。”医生说，“你已经成功了，想想这些成功吧。这样，你就会知道什么叫享受，你就会笑得更多。”

一个聪明人并不会为他所缺少的感到悲哀，而是为他所拥有的感到欣喜。会享受的人能够超越消极的情绪；每当他想起新的生活，新的经历，他就兴奋不已。他不怕恐惧，不怕变化。他面对现实，背对过去。这就是说不能面对现在，不能抛掉过去的阴影，是无法登上成功之路的。

如何对付过去人生遇到的各种不幸？安东尼·罗宾提出的忠告就是：把苦恼、不幸、痛苦等认为是人生不可避免的一部分，当你遇到不幸时，你得抬起头来，严肃对待，并且说：“这没有什么了不起，它不可能打败我！”其后，你得不断向自己重复使人愉快高兴的话：“这一切都会过去。”

18. 别为小事烦恼

有时候对那些芝麻大小的事耿耿于怀，不如站高一点，把那些无关紧要的烦恼忽略不计，你会发现每一天都是阳光灿烂！

狄士雷里说过："生命太短促了，不能再只顾小事。"

罗斯福夫人刚结婚的时候每天都在担心，因为她的新厨师饭做得很差。"可是如果事情发生在现在，"罗斯福夫人说，"我就会耸耸肩膀把这事忘掉。"好极了，这才是一个成年人的做法。就连凯瑟琳女王——这个最专制的女王，在厨师把饭烧坏了的时候，通常也只是付之一笑。

玛丽请了几位朋友到家里来吃晚饭。就在他们快来的时候，她发现有3条餐巾和桌布的颜色没办法相配。她冲到厨房里，结果发现另外3条餐巾送去洗了。客人已经到了门口，没有时间再换，玛丽急得差点哭了出来。她只想到：为什么会有这么愚蠢的错误，来毁了我整个晚上？然后玛丽想到——为什么要让它毁了我一个晚上美丽的安静的心情呢？她走进去吃晚饭，决心好好地享受一下。而她果然做到了。她情愿让我的朋友们认为她是一个比较懒的家庭主妇，也不要让他们认为我是一个神经兮兮、脾气不好的女人。而且，在那次晚宴上，根本没有一个人注意到那些餐巾的问题。

19. 别让眼睛老去

记着：别让眼睛老去，你才会活得美丽。

有一个青年高考落榜了。心灰意冷的他一气之下离家出走，来到几年前曾经来过的离家几十公里以外的一座深山，准备在此度过余生。

山上的老工人对他十分热情，兴致勃勃地带他去看新种植的油松。山还是那座山，水还是那池水，树林也显得更加郁郁葱葱，但是，这一切的一切，在年轻人眼里已经没有了往日的美丽，反而变成了一种悲凉与沉重，压得他有些喘不过气来。老工人见他情绪不对劲，就领他早早地回了住地。

到了晚上，月光很美，在温馨的小木屋里，他向老工人讲述了一切，并痛哭流涕。老工人无语，只是一直静静地倾听。末了，老工人才对他说："小伙子，我是个粗人，不懂什么大道理，但是，我一直记着这样一句话，那就是：'不论生活多么不如意，你千万别让自己的眼睛老去。'"年轻人顿时愕然。

"别让自己的眼睛老去。"这看似平常的一句话，包含了多少人生哲理。诚然，这个世界有许多不如意，有天灾，有人祸，就宛如狂风暴雨冷雪黄沙，在我们前进的路途上设置了层层障碍，迷惑我们的视线，阻挡我们前行，但是任何时候任何地方，只要我们的眼睛没有老去，那么我们的心灵便不会老去！

20. 心中无事一床宽

牢狱虽小，但心里的世界是无限宽广的，正所谓心中无事一床宽。不管世间的变化如何，只要我们的内心不为外境所动，则一世荣辱、是非、得失都不能左右我们。

有一个吸毒的囚犯，被关在牢狱里，他的牢房空间非常狭小，住在里面很是拘束，不自在又不能活动。他的内心充满着愤慨与不平，倍感委屈和难过，认为住在这么一间小囚牢里面，简直是人间炼狱，每天就这么怨天尤人，不停地抱怨着。

有一天，这个小牢房里飞进一只苍蝇，嗡嗡叫个不停，到处乱飞乱撞。他心想：我已经够烦了，又加上这讨厌的家伙，实在气死人了，我一定非捉到你不可！他小心翼翼地捕捉，无奈苍蝇比他更机灵，每当快要捉到它时，它就轻盈地飞走了。苍蝇飞到东边，他就向东边一扑；苍蝇飞到西边，他又往西一扑。捉了很久，还是无法捉到它，他这才慨叹地说，原来我的小房不小啊！居然连一只苍蝇都捉不到，可见蛮大的嘛！此时他悟出一个道理，原来心中有事世间小，心中无事一床宽。

所以说，心外世界的大小并不重要，重要的是我们自己的内心世界。一个胸襟宽阔的人，纵然住在一个小小的囚房里，亦能转境，把小囚房变成大千世界；如果一个心量狭小、不满现实的人，即使住在摩天大楼里，也会感到事事不能称心如意。所以我们每一个人，不要常常计较环境的好与坏，要注意内心的力量与宽容，心里放下天地，盛得下是非应是所有人追求之境界！

正如无门禅师所说：“春有百花秋有月，夏有凉风冬有雪；若无闲事挂心头，便是人间好时节。”

21. 别封闭心灵之窗

被黑夜吞没并不可怕，因为明天还有太阳。从失意中解脱出来，人生自会有辉煌的明天。

打开心灵的窗口，心才能够通达，心灵的视觉才会清晰。

一栋房子如果没有窗户，温暖的太阳就无法照进来，新鲜的空气也不能飘进来。

人，总是为了追求名、利、权势而劳碌终生；对于情爱，贪求不厌，对于私情欲爱缠绵不休中，万般痛苦不能解脱！

有位太太的先生是知名的企业家，对她百依百顺，以世俗人的眼光看起来，她的物质生活是上上等的，可以说是幸福中的幸福人。但她仍觉得很痛苦，看到一个朋友时，她哭得很伤心，朋友问她：“你有什么不满意呢？”

她说：“你不知道啊！他对我感情不专，使我痛苦、不满。”朋友劝她说：“到底你要追求多少感情才满意呢？”不要太强求，感情如同一个球，愈硬碰，它跳得愈高愈远。

她问：“那要如何解决呢？”朋友回答道：“放宽尺度，你爱的范围太狭窄了，犹如把感情当成一条绳子，缚(管)得他对你产生敬而远之的心理，才使你那么痛苦。你应该以柔和的感情来宽容他的一切，不要以占有欲、威力来加在感情上面，否则先生表面又顺又爱，但内心却又烦又畏，也就难怪他会对你有欺骗的行为。你若能把爱扩大到去爱他所爱的人，他一定会感谢你，同时也更珍惜这份感情中的恩情，因为你所给予他的爱是那么的自在。人的感情就像是洪炉，只要你多给他宽大的爱，满足他的感情，再冷再硬的心也会被它融化。”这位为情所苦的太太，后来果真做到去爱他所爱的那些人，夫妻的感情如此，父母子女的感情也是如此。

“问世间情为何物，直教人生死相许”，婚姻是一种“缘”，若能因缘聚而相知相惜，实在是幸福。在通过共同生活交融中，彼此能互相包容欣赏对方的优点，方能圆融一生。

22. 旧鞋子

即使是一双旧鞋子，穿在脚上仍然是舒适暖和的，因为这个世界上还有人连鞋子都没得穿！

人常常会陷于幽暗的人生胡同不能自拔。

有个生活比较潦倒的推销员，每天都埋怨自己“怀才不遇”，命运在捉弄他。

圣诞节前夕，家家户户张灯结彩，充满佳节的热闹气氛。他坐在公园里的一张椅子上，开始回顾往事。去年的今天，他也是孤单一人，以醉酒度过他的圣诞节，没有新衣，也没有新鞋子，更甭谈新车子、新房子。

“唉！今年我又要穿着这双旧鞋子度过圣诞了！”说着他准备脱掉这旧鞋子。这个时候，他突然看见一个年轻人自己滑着轮椅从他身边经过。他顿悟到：“我有鞋子穿是多么幸福！他连穿鞋子的机会都没有啊！”之后，推销员每做任何一件事都心平气和，珍惜机会，发奋图强，力争上游。数年之后，生活在他面前终于彻底改变了，他成了一名百万富翁。

环顾四周，我们会发觉社会上有许多天生残缺的人，他们对生活充满信心，从不埋怨上天对他们不公平或乞求他人救济，反而自立自强，脱颖而出，成为有用之人才。有时我们会觉得很惭愧：我们生来五官端正，手脚不缺，却为何厌倦生活，厌倦人生，抱怨同事，不满意自己的工作……不知不觉地陷入了这幽暗的胡同。

也许我们每个人对陷入这种幽暗的人生胡同感到害怕，但是更可怕的还是，你已陷入了这种危险的境地而你却浑然不知。

23. 爱的眼镜

你对世界的感觉比这个现实世界的真实对你的影响更大，只有在自己心里镶上爱的眼镜，才能看出别人心里的宝石。付出爱心吧，它是人类永恒的主题。

晓茹刚到一个单位，见人就问好，只是单位的一位大姐，总是面沉似水，对人爱理不理的，弄得晓茹好生诧异，自己与她前世无冤近日无仇，这是何苦来的？以后晓茹见了她也装没看见，何必呢，我又不求你，用咱的热脸贴你的冷脸！有一天，晓茹去打开水，正要拧开水龙头，大姐一旁说话了：“你听，水箱里是不是有响声？”晓茹细听，果然。大姐说：“那是正往里续生水，你等一会儿，水开了再打。”原来，这大姐是个地地道道的“水箱性格”，外凉内热。但她的语言还是表明了她的善良，正如那水箱上的红灯，每当水开了它总是不由自主地亮了起来。

新租了一个住处，周围的老住户总是用警惕的眼睛打量晓茹。怎么办？细一寻思，如果想以最快的速度解脱异域的陌生感，与周围邻居保持一种友好关系是最便捷的办法，让别人一步，其实是留给自己一步退路。

第二天，晓茹下楼，看见一些总是义务维护治安的老头老太太们一齐用陌生的眼光打量她，晓茹拿出从世界小姐选美大赛那里模仿来的最具亲和力的笑容，向他们问好。短短的惊异像破晓前的黑暗，他们多皱的脸上随即现出了晨光般的笑容。以后，他们一见晓茹，就主动地向她问好。还有一位老大爷“多情”地对晓茹说：“姑娘，缺什么东西来我家拿！”晓茹含笑点头，领受这份真诚。

其实，每个人都是善良的，每个人的心灵都是美丽的。我们触摸不到爱的阳光，仅仅是因为我们戴了一副变色眼镜。我们通过这副眼镜看到的是冷漠的表情，阴沉的脸庞，不友好的目光。为什么不换副爱的眼镜呢？你会发现周围的人是那么真诚，这个世界是如此可爱！

24. 世上只有不肯快乐的心

快乐是自己的事情，只要愿意，你可以随时调换手中的遥控器，将心灵的视窗调整到快乐频道。

从前，在威尼斯的一座高山顶上，住着一位年老的智者，至于他有多么的老，为什么会有那么多的智慧，没有一个人知道，人们中只是盛传他能回答任何人的任何问题。有两个调皮捣蛋的小男孩并不以此为然，他们甚至认为可以愚弄他，于是就抓来了一只小鸟去找他。一个男孩把小鸟抓在手心一脸诡笑地问老人："都说你能回答任何人提出的任何问题，那么请您告诉我，这只鸟是活的还是死的？"老人想了想，他完全明白这个孩子的意图，便毫不迟疑地说："孩子啊，如果我说这鸟是活的，你就会马上捏死它；如果我说它是死的呢，你就会放手让它飞走。你看，孩子，你的手掌握着生杀大权啊！"

同样地，我们每个人都应该牢牢地记住这句话，每个人的手里都握着关系成败与哀乐的大权。

世上没有绝对幸福的人，只有不肯快乐的心。你必须掌握好自己的心舵，下达命令，来支配自己的命运。

你是否能够对准自己的心下达命令呢？倘若生气时就生气，悲伤时就悲伤，懒惰时就偷懒，这些只不过是顺其自然，并不是好的现象。释迦牟尼说过："妥善调整过的自己，比世上任何君王更加尊贵。"由此可知，

“妥善调整过的自己”，比什么都重要。任何时候都必须明朗、愉快、欢乐、有希望、勇敢地掌握好自己的心舵。

有一个人夜里做了一个梦，在梦中他看到一位头戴白帽，脚穿白鞋，腰佩黑剑的壮士，向他大声叱责，并向他的脸上吐口水……于是从梦中惊醒过来。

次日，他闷闷不乐地对他的朋友说：“我自小到大从未受过别人的侮辱，但昨夜梦里却被人骂并吐了口水，我心有不甘，一定要找出这个人来，否则我将一死了之。”

于是，他每天一起来便站在人潮往来熙攘的十字路口寻找这梦中的敌人。几星期过去了，他仍然找不到这个人。

人常常会假想一些敌人，然后在内心累积许多仇恨，使自己产生许多毒素，结果把自己活活毒死。

你是不是心中也还怀着一股怒气呢？要知道这样受伤害最大的是你自己，何不看开点，放自己一马呢？别忘了，莎士比亚曾告诫我们：“使心地清净，是年轻人最大的成命。”

25. 知足常乐，终身不辱

知足者常乐也，而其终身不辱也。人性中很多失败的例子是不知足所导致的。

一位大学校长在新生接待会上问了一个这样的问题：“同学们，你们快乐吗？”“快乐！”下面的同学立即欢呼起来。“好，好，我的话到此结束。”大家惊愕了半天，然后才恍然大悟，顿时掌声大作。这位颇有风趣的校长其实是很了解学生心理的，也很了解人的心理。他认为人的根本目的是追求快乐，而如果大家都很快乐，自己就不必再扫别人的兴了，因此，这位校长的做法很高明。

快乐是一种什么样的心境呢？或者说快乐到底是什么样子呢？这个问题，也许很难说清楚。但有一点必须肯定，快乐是很主观的，一个人的快乐他人是看不见的，只有通过他的表现和行为举止才有所了解。一个人认为是快乐的事，而另一个却未必认为快乐。总之，快乐是很奇怪的，因人而异，因事而异，这种东西很大一部分完全是一种心理上的满足。

追求快乐是人性之一。哪个人不愿自己生活得快乐点？人生活的根本目的是什么呢？可以归根到底是为了“快乐”二字。成功的事业、富足的家产、自我实现……都是为了最终的快乐。快乐是一副润滑剂，有了它你的生活将会光滑许多，没有它你前进的道路上谁能想到又会有多少障碍和阻力?

快乐的反面是痛苦。痛苦何来呢？人生来就是要追求快乐的，生来便具有各种欲望。这些需要和欲望应该是得到满足的，而一旦得不到满足，是于理想和现实之间出现差距时，人的需要便产生了匮乏，也产生了痛苦。痛苦无时不在，无处不有，它像恶魔一样折磨着我们，企图使我们拜倒在它的脚下。而人越是痛苦，才越觉得快乐的可贵，才会拼命地去追求快乐。当他得到了新的快乐，新的痛苦又产生了，这样痛苦是没有止境的，因为人的欲望更是无止境的。那么，我们是不是就应该说不去追求快乐了呢？不，快乐是能追求到的，尽管人的欲望无穷，只要我们能知足，便能常乐。

知足的人即满足于自我的人，知足者能认识到无止境的欲望和痛苦，于是就干脆压抑一些无法实现的欲望，这样虽然看起来比较残忍，但它却减少了更多的痛苦。在能实现的欲望之内，他拼命为之奋斗，一旦得到了自己的所求，快乐便油然而生，每上进一个台阶，快乐的程度也会上进一个台阶。只有经常知足，在自我能达到的范围之内去要求自己，而不是去勉强自己，去强迫自己，而是自觉地知足，心平气和去享受独得之乐。

在人的一生之中，其旅程不会是一帆风顺的，处处有坎坷、崎岖，甚至是断崖。痛苦更是无穷无尽，难道我们非要一味地求苦而将快乐置于身边而不顾吗？这是生活的根本目的吗？不，绝不是。

竞争，使得我们每个人都为了眼前的利益而奔走忙碌，丝毫不敢有所懈怠，这是很正常的。于是，我们攀比，希望在各个方面都超过自己周围的人，当超过了自己周围的人我们还想再超过其他更强的人。我们还想样样争第一，但静下心来想一想，一个人以有限的精力能实现他所有的梦吗？不可能。这样，盲目的攀比，其结果只能使自己更加的痛苦，而仍一无所得。人为什么总这样独断？为什么不允许别人超过自己呢？我们没有理由光相信自己的力量，我们没有理由不让别人超过我们，我们甚至没有理由去怀疑别人。我们应该拥有自我，去安静地生活，干自己该干的事情，做自己喜欢的工作，在自己的范围内寻找有意义的事情，去和对手竞争，一步一步向高的阶层攀登。这样，我们便能在人生的每一步成长的过程中，体验到自我实现和成长的过程，同时也会体会到自我奋斗的快乐！

一位西方哲人说过，成功是没有标准的。只要我们尽了我们的力量，发挥了我们所有的潜力，而且尽了我们所有的财力和物力。这样，尽管结果仍不是最优秀的，仍不失为一种成功。因为成功并不意味着都是第一，结果在有的领域是主要的，而过程则自有它的魅力之处。我们重复结果，并不是说我们不要过程，结果给人带来的快乐只是暂时的，而过程给我们带来的快乐的回忆则是无尽的和永恒的。

人性中有很多失败的例子是由不知足所造成。清朝乾隆年间和珅的下场不是给我们以深刻的启示吗？为了积聚财富，和珅像发了疯，什么手段都敢使，其穷奢极欲达到了极限，其结果呢？还不是“机关算尽，反误了聊聊性命”。

人的社会是复杂的，并不是一个人所能左右了的。一旦一个人过于突出或冒尖，这也是很危险的。俗话说得好：“人怕出名，猪怕壮。”人一旦出了名是要注意自己的安全问题的。与其看着自己奋斗一生的东西毁于一旦，不如在生活中过一种平稳、安定的日子，这样的生存也未必就不比大起大落好。这是一种生存哲学，也是一种生存艺术，知足的人，往往比其他人过得充实，过得快乐。

当然，我在这里并不是反对大家去努力奋斗，只是说相对于无止境的成就来说，一个人达到个人所能及的成就也就可以了。由于个人是有区别的，所以每个人达到何种成就来说又是不同的，不过这些成就都是要靠你去奋斗才能得来的，而不是天上掉下来的馅饼。

26. 生得快乐，活得潇洒

游戏人生不可取，快乐潇洒是生活应有的原则，潇洒给生活带来快乐，快乐地生活也是一种潇洒。

人生本是一种快乐，雅人有雅兴，俗人有俗趣，无论在朝为官或在野为民，都自有其乐。锦衣玉食也好，粗茶淡饭也罢，求暖求饱而已，当然也求美。

人总是一波三折、七灾八难地活着，琐事烦事难事甩不开、扔不掉。即使是时时小心、处处设防，说不定什么时候还会遇上倒霉事，让人怎么快活得了？但是总得活着吧，无论是劲头十足还是虚有其声，总要往前奔。不然就对不起父母劳造的血肉之躯了。于是，想法儿去活，想法儿活得滋润、潇洒，像个人样。

快乐是一种独到的体验，只要乐趣真实常在，无论雅俗，都会活得有滋有味，也用不了太多的心思，你就会发现活着本来就不错。比如说，你有大本事或小本事，朋友多，路子广，会有种种发迹的机会；你拥有爱情，拥有家庭，拥有多彩的故事，你总有一些盼望，会发现一些趣事，甚至某个消息、某个话题、某种现象都能让你兴奋。这兴奋可能太俗，让人瞧不上眼，或根本就不值。但只要是真实地快乐的体验，也就够了。即使是真正遇上不称心的事，也别抱着死理，跟自己过不去，便能从容应付，潇洒地走出困境。即使一时解不开也用不着发烦，日子还长着呢。

活得潇洒才有快乐，潇洒是一种美好的生活态度，但并非人人能做到潇洒自如，有的人过于拘谨，不会潇洒，有的人做过了头，不懂潇洒。

拘谨是一种僵化的思维模式带来的生活态度，即常说的“死心眼”、“一条道儿跑到黑”。

有人把潇洒理解为穿着新潮，谈吐倜傥，举止干练飘逸。实际上，这仅是浅层次的认识。真正的潇洒，应该是指那种不以物喜、不以己悲，顺境不放纵、逆境不颓唐的超然豁达的精神境界。古今名人中，能真洒脱者，大有人在，唐朝诗人刘禹锡，因革新遭贬，他不为压力所阻，仍以顽强的精神与政敌相抗争，写出“玄都观里桃千树，尽是刘郎去后栽”，“种桃道士归何处？前度刘郎今又来”的乐观诗句，他以潇洒的态度，超过“巴山蜀水凄凉地”，坚守“二十三年弃置身”的人格，终于迎来了仕途上新的春天。

名人有名人的潇洒，伟人有伟人的快乐。有位伟人说过，“与天奋斗，其乐无穷；与地奋斗，其乐无穷；与人奋斗，其乐无穷。”伟人的乐乃乐之大家，有如范仲淹所云：“先天下之忧而忧，后天下之乐而乐。”对于我辈平常的小人物，面对复杂多变的人生，自然也要有大境界才能包容得下，另外，更需要有平常的心境，快乐才能常驻。